米莱知识宇宙

启航吧知识号

改变世界的超级发明

是什么让人手可摘星

米莱童书 著绘

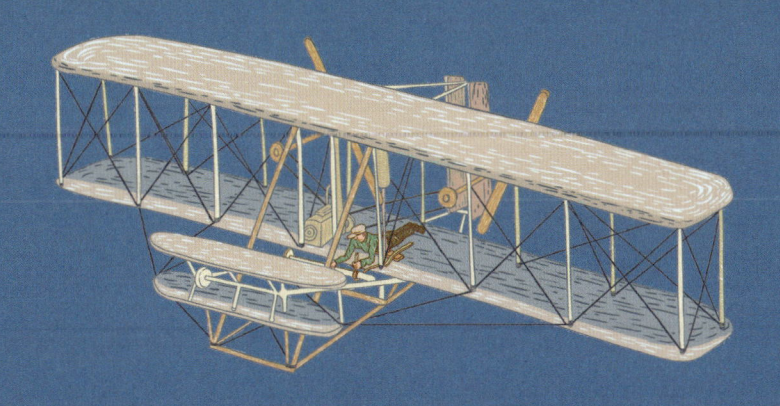

北京理工大学出版社
BEIJING INSTITUTE OF TECHNOLOGY PRESS

智慧的奥妙与进阶

世界上什么力量最强？那就是科技。科技犹如一个巨人，力大无比，顶天立地，所向披靡。可他又生性活泼调皮，爱与人交朋友，又好捉迷藏。你对他好，他会随时陪伴着你，成为你的朋友；你对他不用心，他又会趁你不在意悄悄溜走。

和科技这个"巨人"打交道不是靠体力，而是靠智慧。如果你平时不爱学习和思考，你可能一辈子也不认识他，更不能和他成为朋友。如果你善于观察，你就会不时地与"巨人"相遇。假如你在吃饭的时候琢磨起筷子怎么能夹住食物，在脱衣服时想到为什么会产生噼里啪啦的火花……这时的巨人已战战兢兢，担心自己被发现，被揭露隐蔽的秘密。如果你浅尝辄止，到这里就不再深究了，那就相当于打草惊蛇，巨人立刻就会换个地方重新藏起来。

如果你还想找到他，就需要学会另一个方法：思考。

思考与观察同样重要。巨人很喜欢善于思考的人，你尽可以天马行空地想，提出一种你认为合理的假设。接下来，你要开始证明这个假设，不管是通过实验，还是通过计算，只要你能证明自己是对的，巨人就无处可逃了。不过，要证明自己是对的并不容易，更别说人们总是在犯错了！如果犯了错，你也不用介意，巨人早已看过太多人犯的太多错误了，他不但不会笑话你，反而会被你的执着感动，故意露出个衣角给你，让你看看其他人曾经犯过的错误、做过的研究，帮你顺利找到他。

当你历尽千辛万苦终于找到了巨人，也万万不能掉以轻心，因为现在的你和巨人还算不上是朋友，他会趁你不备再次跑掉，而且会藏得更深、更远、更高。那么，怎样才能和巨人成为朋友呢？进阶。你要牢牢抓住自己找到的线索，继续往深处研究，往远处研究，往高处研究，直到你的研究再登上一个阶梯，发现一个崭新的世界，你就能再次抓到巨人。进阶后的巨人会对你多出一丝敬佩，并在心里把你归为科学家。巨人最喜欢和科学家做朋友，心情好的时候，还会让科学家站到他的肩膀上，就像牛顿说的那样。

阶梯是无止境的，巨人会不断地进阶，把游戏难度不断地提高。对于我们这些后来者来说，和巨人做朋友似乎相当困难。不过别着急，告诉你一个秘密，别人是如何找到巨人的过程都写在这本书里了！

在这本书里，你会通过精彩的画面、生动的语言、有趣的故事，看到人们从巨人身上发现的原理和真相，有奇特的人体构造，有难解的数学公式，有抽象的物理世界；看到找到巨人后热衷于创造发明的人们，有钻研爆炸的诺贝尔，有摆弄机器的瓦特，有探索不止的爱迪生；最重要的是，你终将获得找到巨人的方法和智慧，也许来自潜心思考的泰勒斯，来自善于观察生活的阿基米德，抑或来自专注实验的伽利略……只要你能足够认真地读下去，不断地从科学家身上汲取知识和精神，你和巨人的会面就指日可待！

现在就和我一起，开始寻找巨人之旅吧！

中国科学院院士
中国科普作家协会名誉理事长

目录 contents

8 一起寻找"科学"起源

12 如果世界是个数学王国

15 一边被打破,一边被发现的新科学

18 用实验创造一个新时代

22 用杠杆"撬动地球"

26 谁是宇宙中心

30 站在巨人肩膀上"发力"

34 打开身体的秘密

38 在身体里畅游的"搬运工"

42 从炼金术到化学

目录 contents

46 世界是个巨大的元素周期表

50 天空"爆炸"，遍地"开花"

54 地球到底有多少层

58 给大自然分门别类

62 人类从哪儿来

66 如何运转一台蒸汽机

70 最早的火车和轮船

74 汽车发明改良史

78 飞机翱翔天空的秘密

82 奇妙的微观世界

目录 contents

86 身体里的细胞们

90 生命从受精卵开始

94 神奇的遗传基因

98 小疫苗，大抗体

102 人为什么会生病

106 人类疾病抗争史

110 电生磁，磁生电……

114 与电有关的伟大发明

目录 contents

118 相对论中的多角度世界

122 小原子，大能量

126 人类的大航海时代

130 漂移的地球大陆

134 活跃的板块

138 火箭的前世今生

142 宇宙之源

146 未来的世界

150 附录 科技大事年表

一起寻找"科学"起源

> 当你打开这本书的时候,你有没有想过,这本书是怎么来的?文字为什么会跑到纸上?树木为什么会变成纸?一粒小小的种子为什么可以长成参天大树?当你试图回答这些问题时,恭喜你,你已经掌握了成为科学家的第一步——理性思考。

人类的图腾

在人类刚刚出现的时候,还没有可以称之为科学的事物。随着人类的进化,人们学会了用火,学会了耕作农田和圈养家畜,但是对大自然的各种现象还都不太了解,看到闪电可能还以为是天神在打喷嚏。对于那些想不出来答案的现象,人们将其归结到动物身上:别看这些动物不会说话,也许它们正静悄悄地观察着我们呢!越来越多的人开始信奉动物拥有神秘的力量,并且将它们的形象艺术化,便逐渐形成了图腾。

人类的精神信仰

就像相信图腾拥有神秘的力量一样，曾经的人们相信神明也掌握着巨大的力量。当人们遭遇可怕的灾难时，会向神明祈求庇护和拯救。当人们度过灾难之后，更加坚信是看不见的神明帮助了他们。

为了能够更好地和神明（以及其他神秘力量）交流，那些声称自己与其他人不同的巫师出现了，他们一边念念有词，一边手舞足蹈地施展巫术。有些巫师就是纯粹的骗子，但也有些巫师可以配出药水来治疗病人，可惜他们自己也不一定明白为什么。直到有人提出问题，并且试图用超自然之外的方式解决它。

科学起源

古希腊有一位名叫泰勒斯的老先生，他提出了一个问题："世界由什么组成？"最重要的是，他拒绝用图腾、巫术等"超自然"的说辞来回答，而是要根据自己平时的观察经验和理性思考来解释问题。科学就这样诞生了。

科学之祖泰勒斯

米利都学派

泰勒斯是古希腊乃至整个西方的第一位自然科学家和哲学家,被称为"科学和哲学之祖"。有很多人被他深刻的思想所吸引,成为他的学生。泰勒斯和他的部分学生拥有相同或相近的思想,他们一起组成了米利都学派,而泰勒斯则是学派创始人。米利都学派与泰勒斯一样,涉及哲学和科学范畴,正是这个学派首先形成了对后世影响深远的宇宙理论——地心说的初步理念。

泰勒斯定理

泰勒斯主张理性思考,他自己就是以身作则的理性榜样,并且在数学方面发现了不少定理。像我们熟知的"直径平分圆周""三角形两等边对等角""两条相交线之间的对顶角相等"等,都是泰勒斯发现的。其中还有一条是以他的名字命名的,叫作"泰勒斯定理":如果 A、B、C 是圆周上的三个点,并且线段 AC 是这个圆的直径,那么 $\angle ABC$ 必然是直角。

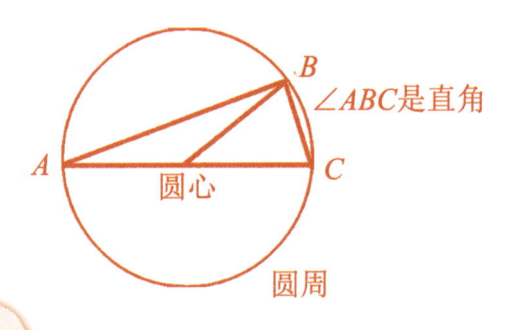

测量金字塔

关于泰勒斯，还有一个有趣的故事。据说，有一年泰勒斯到了埃及，当地人想试探一下他的能力，就让他测量金字塔的高度。聪明的泰勒斯并没有被难住，他把一根木棍插在金字塔旁边，过一会儿就让别人测量一下木棍影子的长度，等到木棍影子的长度和木棍长度完全相等时，他立刻去测量了金字塔的影子，把金字塔影子的长度加上金字塔底边长度的一半，这样就知道了金字塔的高度。你知道这是为什么吗？

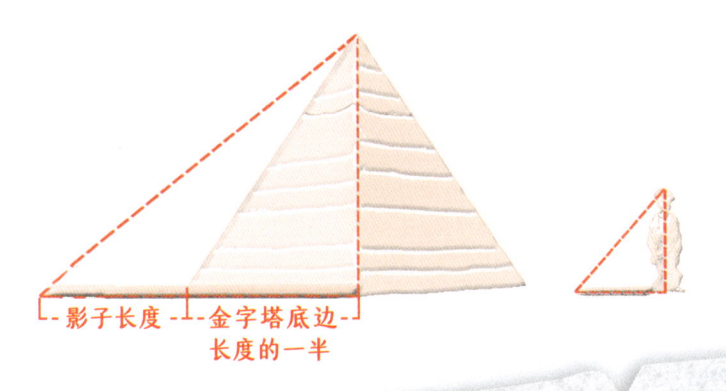

影子长度 — 金字塔底边长度的一半

★ 科学巨人档案 ★

泰勒斯

性　　别 男

生 卒 年 约公元前 624—约前 547 年

国　　籍 古希腊

主要成就 科学和哲学之祖

如果世界是个数学王国

说起数学，相信很多人就会想到一个字：难！但数学却是我们在学校必学的科目之一，这是因为看起来很难的数学其实广泛存在于我们的生活中。从很久以前，古希腊人就意识到了这个问题，并且倡导用数学理解世界。最早倡导用数学理解世界的人是毕达哥拉斯，他提出了"万物皆数"的观念，试图用数学解释一切。

勾股定理的生活应用

我们熟知的勾股定理，在西方最早是由毕达哥拉斯提出的，所以也叫作毕达哥拉斯定理。勾股定理是一个基本的几何定理，讲的是直角三角形的两条直角边的平方之和等于斜边的平方。用数学公式来表示就是 $a^2+b^2=c^2$。不过，中国人提出勾股定理的时间更早。

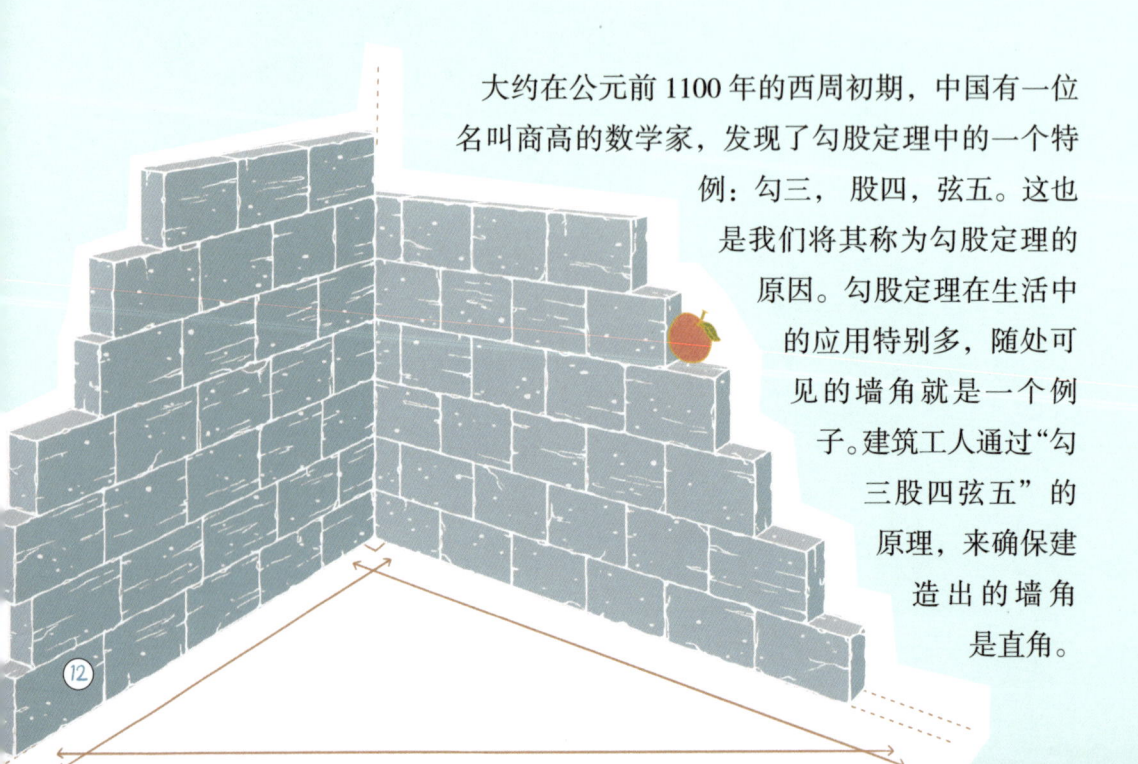

大约在公元前1100年的西周初期，中国有一位名叫商高的数学家，发现了勾股定理中的一个特例：勾三，股四，弦五。这也是我们将其称为勾股定理的原因。勾股定理在生活中的应用特别多，随处可见的墙角就是一个例子。建筑工人通过"勾三股四弦五"的原理，来确保建造出的墙角是直角。

无处不在的黄金分割

毕达哥拉斯另一个著名的理论是 黄金分割。黄金分割指的是，将一个事物一分为二，较大部分与整体部分的比值等于较小部分与较大部分的比值（其比值大约为 0.618）时，最符合人们的审美，也就是最美的比例。

我们常见的五角星就符合黄金分割理论。

面的两个数为 1、1，之后的每个数都是前面两个数相加的结果。因此，可以得出这样一个数列：1,1,2,3,5,8,13,21,34,55,89……

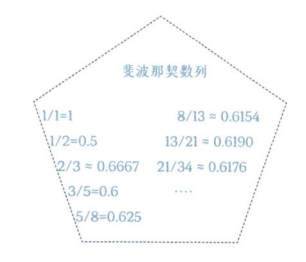

斐波那契数列

1/1=1　　　　8/13 ≈ 0.6154
1/2=0.5　　　13/21 ≈ 0.6190
2/3 ≈ 0.6667　21/34 ≈ 0.6176
3/5=0.6　　　……
5/8=0.625

斐波那契数列与黄金分割的关系在于，从第一个数字开始，用前一个数字与后一个数字相除，依次进行下去，得到的结果会越来越接近黄金分割的比值，也就是越来越接近 0.618，不信你可以算算看。

与黄金分割相关的事物非常多，比如神秘的 斐波那契数列。斐波那契数列由数学家列昂纳多·斐波那契提出，遵循的规律为：最前

以美闻名的黄金分割也深受艺术家们的青睐，许多艺术作品都符合黄金分割比例。

在绘画界，达·芬奇的名画《维特鲁威人》因完美的人体比例而为人熟知。

在众多雕塑艺术品中，断臂的维纳斯因美而闻名世界，这位女神从头到腰的高度与从腰到脚的高度比就符合黄金分割比例。

更加神奇的是，在人类未曾干预的大自然中，也能发现很多与黄金分割比例有关的踪迹。

如果从下到上依次数一数树木上的枝丫，你会发现，树木生长的分支数量符合斐波那契数列。

神秘生物鹦鹉螺外壳的曲线，符合曲线形式的黄金分割比例。而且这种曲线在大自然中很常见，比如山羊的羊角、宇宙中星系的螺旋等。

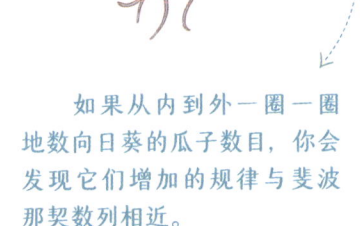

如果从内到外一圈一圈地数向日葵的瓜子数目，你会发现它们增加的规律与斐波那契数列相近。

★ 科学巨人档案 ★

毕达哥拉斯

毕达哥拉斯

性　　别	男
生 卒 年	公元前580至前570之间—约前500年
国　　籍	古希腊
主要成就	提出勾股定理、黄金分割理论

一边被打破，一边被发现的新科学

从泰勒斯引导人们理性思考时起，科学的概念便诞生了。但是只有理性思考还不够，还需要对各种各样的事物留心观察，并通过自己的经验来判断是非。而最早提倡观察的科学家，正是我们熟知的亚里士多德。

亚里士多德是著名哲学家柏拉图的学生，也是历史上知名的帝王亚历山大大帝的老师。他的著作涉及众多学科，因此被称为百科全书式的科学家，而他对各个学科的见解，都对后世产生了相当持久的影响。

亚里士多德的新发现

亚里士多德给出了地球是**球形**的第一个科学证据———月食时地球的影子是圆的。

亚里士多德对很多动物进行了解剖研究，并且发现鲸是**胎生**的。

亚里士多德在前人的基础上发展完善,并且提出了自己的宇宙模型。他对宇宙研究的部分结论虽然不正确,但这是人类历史上第一次尝试全面解释世界和宇宙的运作机制,其研究具有非常重要的意义。亚里士多德的宇宙模型正是后来一些人提出地心说的重要基础。

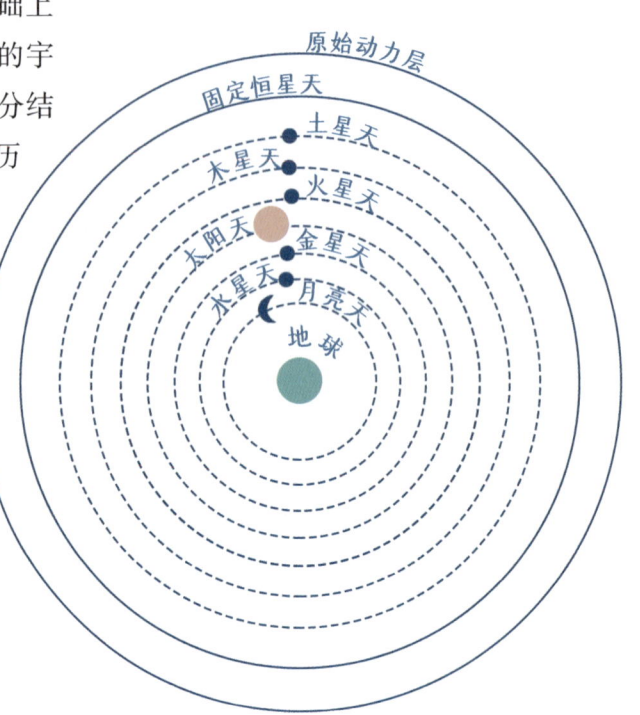

被打破的经验论

亚里士多德虽然受到后世的敬仰,甚至被誉为"伟人",但伟人也会犯错。作为早期科学家,亚里士多德犯的错可不少,他的不少理论都被后人推翻了。有趣的是,那些推翻他的理论的科学家后来都取得了伟大的成就。

亚里士多德认为纯净的阳光是白色的,人们平时之所以能见到各种颜色的光,是因为某种原因导致阳光发生了变化,变成了不纯净的光。

真的是这样吗?后世的牛顿通过把三棱镜放在阳光下,证实了阳光是复色光。三棱镜可以把阳光分解成七种颜色的光,雨后的水珠也可以通过阳光的照射折射和反射出彩虹!

亚里士多德在物理学界有个著名的观点:重量不同的两个物体,较重的下落较快。后世的伽利略通过实验,也推翻了这个观点。

★ 科学巨人档案 ★

亚里士多德

性　　别 男

生 卒 年 公元前384—前322年

国　　籍 古希腊

特　　点 百科全书式的科学家

主要成就 在各学科都有成就

亚里士多德

亚里士多德开办了著名的吕克昂学园，招收了很多学生。学园里有可以散步的林荫道，亚里士多德经常一边散步一边给学生讲课，非常逍遥自在，因此而得名**逍遥学派**。

用实验创造一个新时代

在很长一段时间内，欧洲人都将亚里士多德作为"科学"的代名词，甚至坚信亚里士多德提出的理论都是正确的。但有个人不同，他不盲目信任亚里士多德，而是相信自己动手做实验得到的结果，这个人就是伽利略。也正因如此，伽利略成为近代实验科学的奠基人。

"自由落体"理论

亚里士多德凭借多年的"直觉"，提出了"重的物体比轻的物体下落速度更快"的观点，这种观点统治了西方学术界将近2000年。直到伽利略亲自做了多次实验，最终才用事实证明：重量不同的物体做自由落体运动（不施加其他力量，让物体只在地球引力的作用下下落）的下落速度是相同的，最终会同时落地。

我们熟知的"两个铁球同时着地"的故事，讲述的就是伽利略在比萨斜塔做自由落体实验的事情。然而实际上，伽利略是否曾在比萨斜塔上做过此实验仍有争议，因为伽利略的著作中并没有提到这件事，但他确实提出了有关自由落体的理论。

反复实验，论证自由落体

? 如果同时扔下一张纸和一个小球，它们是否会同时落地？

做这个实验很简单，你左手拿一张纸，右手拿一个小球，将两只手举到同样的高度后松手，观察两个物体下落的快慢和落地的时间是否一致。不过你会发现，纸张比小球下落得更慢。别担心，现在你把纸尽可能地团成一个纸团，再试一次。虽然我们周围看起来什么都没有，但其实充满了无色无味的空气，空气也会影响物体的运动。因为纸张很宽，和空气接触的面积很大，这会给纸张增加额外的空气阻力，所以减慢了纸张的下落速度。当你把它团成纸团，它与空气接触的面积就和小球差别不大了，所以可以和小球同时落地。

用发现，实现发明创造

据说有一天，伽利略坐在大教堂里，注意到教堂天花板上的吊灯正在随风摆动。善于观察的伽利略想到一个好主意，他一边测量自己的脉搏，一边数着吊灯摆动的次数。随着时间的推移，伽利略发现虽然吊灯摆动的幅度有所减小，但来回摆动一次所需要的时间却是固定不变的。

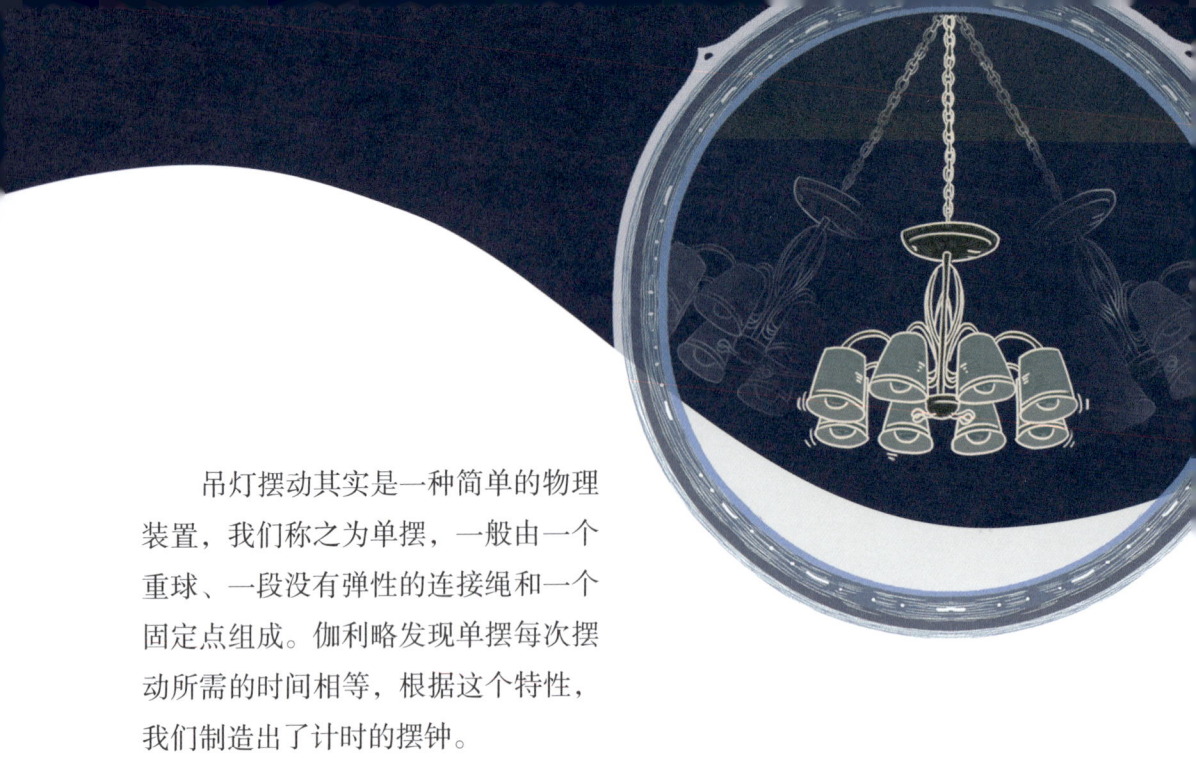

吊灯摆动其实是一种简单的物理装置,我们称之为单摆,一般由一个重球、一段没有弹性的连接绳和一个固定点组成。伽利略发现单摆每次摆动所需的时间相等,根据这个特性,我们制造出了计时的摆钟。

在科技非常不发达的古代,天文学家只能用肉眼观测天体运动,这样观测的结果不够准确,当然,也十分困难,改变这一切的正是伽利略。虽然不是发明 望远镜 的人,但伽利略是第一个用望远镜观测星空的人,而他观测到的一切在当时都引起了巨大轰动。

我们现在都知道月球表面凹凸不平，这个事实正是伽利略发现的。不仅如此，伽利略还发现了木星的四颗卫星：木卫一、木卫二、木卫三和木卫四，现在我们称它们为"伽利略卫星"。后来，伽利略还发现了金星其实不发光、土星有光环等现象。

★ 科学巨人档案 ★

伽利略·伽利雷

伽利略·伽利雷

性　　别	男
生 卒 年	1564—1642 年
国　　籍	意大利
主要成就	提出自由落体运动的相关理论、开拓用望远镜观测天文的新时代

用杠杆"撬动地球"

有句话特别有名——"给我一个支点，我就能撬起整个地球"，相信大多数人都耳熟能详，而说出这句话的人，就是古希腊著名哲学家、物理学家阿基米德。

受力点　支点　施力点

省力杠杆

支点距离施力点越远，需要施加的力量越小，当支点到施力点的距离比支点到受力点的距离长时，组成的杠杆叫作省力杠杆。因为可以少费力气，所以省力杠杆在生活中非常常见。

施力点　支点　受力点

我们平时用的剪刀其实也是利用了省力杠杆的原理。

施力点　支点　受力点

用一根棍子撬起石头，比自己搬起石头要省力得多。

支点　受力点　施力点

开瓶器也是生活中常见的省力杠杆之一。

费力杠杆

支点距离施力点越近,需要施加的力量越大,当支点到施力点的距离比支点到受力点的距离短时,组成的杠杆叫作费力杠杆。虽然费力,但费力杠杆的用处也是很大的,生活中有很多东西都符合费力杠杆的原理。

每天吃饭使用的筷子便是费力杠杆,以后终于可以科学地解释自己为什么用不好筷子了!

扫帚原来是费力杠杆,怪不得扫地的时候那么费劲!

就连我们的手臂都符合费力杠杆的原理!

等臂杠杆

当支点到施力点的距离与支点到受力点的距离相等时,组成的杠杆叫作等臂杠杆(因此等臂杠杆的施力点和受力点可以互换)。等臂杠杆既不费力也不省力,在生活中都有哪些应用呢?

天平是等臂杠杆最典型的应用,可以用来称重。

人们经常在公园里玩跷跷板,现在总算知道它的原理了。

定滑轮是一种特殊的等臂杠杆,常用于建筑作业。

现在你知道阿基米德想要撬起地球的话,需要用哪种杠杆了吗?

相传，有一个国王命工匠做了一顶纯金的王冠，但做好之后，国王觉得王冠不是纯金的，认为是工匠偷偷拿走了一部分金子。国王不想破坏这个王冠，但又想检验它是不是纯金的，于是就请来了阿基米德。

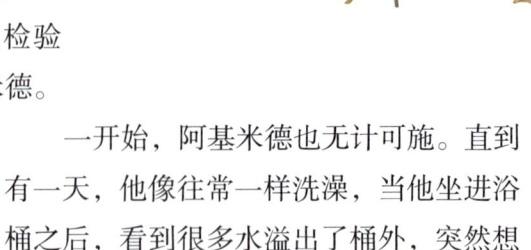

我发现了！发现了！

一开始，阿基米德也无计可施。直到有一天，他像往常一样洗澡，当他坐进浴桶之后，看到很多水溢出了桶外，突然想到了一个好办法！

阿基米德来到王宫，把王冠和同等重量的纯金块放到两个大小相等并且盛满水的盆子里，然后比较从两个盆中溢出来的水，最后证实了王冠果然不是纯金的。

原来，在洗澡的时候阿基米德发现了一个现象，当他坐进浴桶后，因为浴桶里能装的物体体积有限，所以他把桶里的水都"挤"到了桶外，而从桶里溢出的水的总体积和他自身的体积是一样的。

洗澡前　　洗澡后

溢出的水的体积 = 阿基米德浸在水中的体积

如果王冠是纯金的，放王冠的盆里溢出的水的体积就应该和放纯金块的盆里溢出的水的体积相同。但事实是两个盆里溢出的水量不同，所以证明王冠里掺杂了其他金属！

这个科学原理叫作浮力定律：物体在静止液体中获得的浮力，等于它排开的液体的重量。

其实，类似的故事在中国古代也发生过。三国时期，曹操最小的儿子曹冲非常聪明。有一天，有人送来了一头大象，曹操想知道这头大象有多重，但又不想杀死大象。文武百官都没想出办法，年仅五六岁的曹冲却提出了用水称大象的方法。这个方法的原理就是浮力定律。

> 把大象放到船上，在水面达到的船身上做好记号，再把船上的大象换成杂物，使水面同样达到记号的位置，称一下这些杂物，就能知道大象的重量了。

★ 科学巨人档案

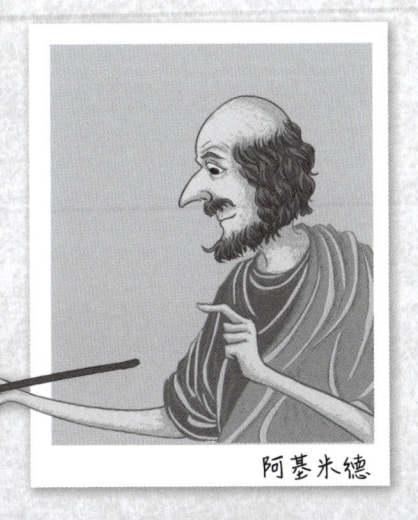

阿基米德

性　别	男
生卒年	公元前287—前212年
国　籍	古希腊
主要成就	发现杠杆原理 发现浮力定律

阿基米德

谁是宇宙中心

> 从科学之祖泰勒斯开始，人们对宇宙的思考从未停歇，后来经过亚里士多德等人的发展和完善，最终，大部分人都认为世界是围绕地球转动的，但真的是这样吗？

"地心说"最早从米利都学派起步，后由古希腊学者欧多克斯提出，经过亚里士多德的发展，最后由托勒密完善。16世纪以前，欧洲人普遍相信"地心说"。

水星　太阳　金星

火星　土星　地球　月球　木星

"地心说"认为，地球位于宇宙的中心并且静止不动，其他星球都围绕地球转动，这些星球的运转速度保持不变，运转轨道保持正圆。

日心说

"日心说"出现于 1543 年，由波兰天文学家哥白尼提出。

"日心说"认为，太阳是宇宙的中心并且静止不动，地球和其他行星一起围绕太阳转动，只有月亮绕着地球转动，各星球的运转速度保持匀速，运转轨道保持正圆。不仅如此，"日心说"还提出地球是球形的说法，并且认为地球在自转。

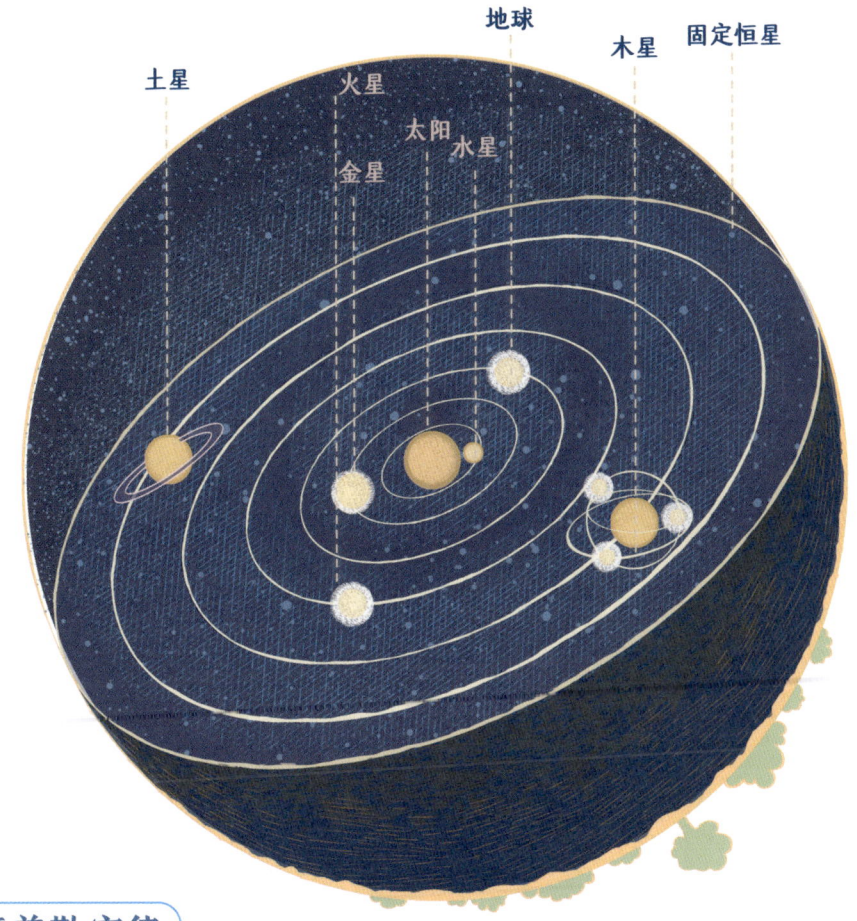

土星　火星　地球　木星　固定恒星
金星　太阳　水星

开普勒定律

"日心说"开启了人类对宇宙的崭新认识，也开辟了人类对宇宙的深入探索之路。有位叫第谷的科学家坚持不懈地用肉眼观测天体，积累了丰富的有关天体运动的资料，后来他收了一个学生，名叫开普勒。开普勒用了多年的时间仔细研究第谷的资料，总结出了行星运动的规律，并提出了著名的开普勒定律。

开普勒定律

开普勒认为，行星的运转轨道不是正圆形而是椭圆形的，椭圆形有两个焦点；太阳不是宇宙的中心，而是位于椭圆轨道其中一个焦点的位置；行星的运动不是匀速的，而是在越靠近太阳时运行得越快。

在"地心说"占统治地位的时代，人们都坚信地球和天体非常神圣，尤其是地球。但"日心说"认为地球不是宇宙的中心，这当然会引起人们的不满，所以"日心说"诞生之初饱受排挤，甚至有一些科学家因为捍卫这个理论而失去了生命。从现在看来，虽然"日心说"也并非完全正确，但正是因为历代科学家们的坚持和探索，人类的认知才越来越接近真相。至于谁是宇宙的中心，按照现代天文学的观点，宇宙很可能没有中心。

★ 科学巨人档案 ★

克罗狄斯·托勒密

- 性 别：男
- 生卒年：约90—168年
- 国 籍：古罗马帝国
- 主要成就："地心说"的集大成者

约翰尼斯·开普勒

- 性 别：男
- 生卒年：1571—1630年
- 国 籍：德国
- 主要成就：提出开普勒定律

尼古拉·哥白尼

尼古拉·哥白尼

性　　别	男
生 卒 年	1473—1543 年
国　　籍	波兰
主要成就	提出"日心说"

站在巨人肩膀上"发力"

牛顿一生为科学做出了很多贡献，其中以牛顿运动定律和万有引力定律最为突出。牛顿运动定律包含三条定律，分别是：牛顿第一运动定律、牛顿第二运动定律和牛顿第三运动定律。

> 我从没被苹果砸到过头，但是我看到过苹果从树上掉下来，而且苹果很好吃。

★ 牛顿第一运动定律

将两个质量相同的小球分别从光滑斜面顶端静止释放，使其沿斜面滚落至水平面。

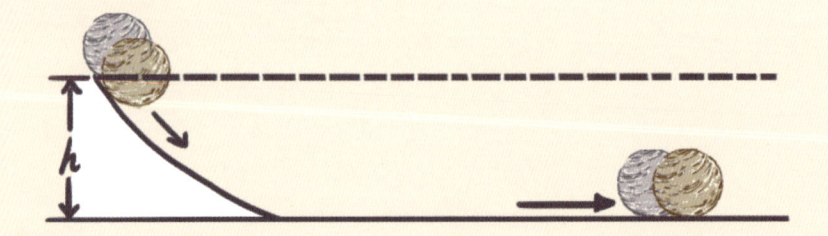

小球在外力（如摩擦力）趋近于零时（光滑水平面），因惯性维持原有速度，做匀速直线运动。

没有外力干扰，物体就会保持原来的状态：做匀速直线运动的物体会依旧保持匀速直线运动，静止状态的物体会依旧保持静止。

正因如此，在没有外力干扰的太空中，失去推进器的火箭也能继续前行。

★ 牛顿第二运动定律

对于质量不同的两个物体来说，受到相同的作用力之后，质量更小的那个得到的加速度更大。

加速度可以改变物体运动的速度，加速度的方向跟物体运动的方向相同时会加快物体运动的速度，相反时会降低物体运动的速度。在牛顿第二运动定律中，加速度的方向跟作用力的方向相同。

牛顿第三运动定律

力的作用是相互的。

当你对一个物体用力时,其实物体也会对你产生反作用力。

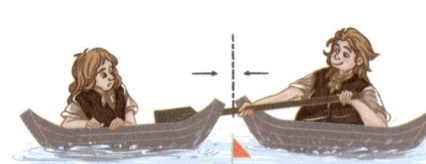

作用力和反作用力的方向相反、大小相等。

所以说,你在打别人的同时,别人也在"打"你。

那么,火箭为什么可以升空?

火箭发射时,燃料爆炸往下喷,给地面和周边空气施加了巨大的作用力。根据作用力与反作用力的原理,地面和空气也会同时给火箭施加相等的反作用力,把火箭推上天空。

万有引力定律

万有引力定律指的是任何有质量的两个物体之间都存在相互吸引的力,这个力叫作引力。质量越大,引力越大;距离越近,引力越大。

太阳的引力使太阳系的行星都只是影影绰绰

因为太阳的引力,地球绕着太阳转。

因为地球的引力,月球绕着地球转。

没有了重力,你就会像我一样飘在空中,这就叫失重。

我们之所以能站在地球上,也是因为地球对我们的引力,我们将这种引力称为重力。

不仅天体有引力，任何两个有质量的物体之间都是存在引力的。比如你和你的好朋友，其实也在默默"吸引"着对方哦！不过因为地球的引力太大，所以地球上其他物体的引力都不怎么明显了。

我可不想抱你，只是逃不开你的引力而已！

这才是真正的地球！

星球的形成也得益于万有引力。宇宙中的微小物质因为引力聚集在一起，经过上亿年的演变，最终形成了大大小小的星球，地球也是这么形成的。

因为地球绕地轴自转，这个额外的力会影响地球的形状，使地球不可能是正圆球体。牛顿很早就推测出地球其实是个赤道部分突出的椭圆球体，并且根据公式计算出了地球的扁平程度。

★ 科学巨人档案 ★

艾萨克·牛顿

- 性　别：男
- 生卒年：1643—1727年
- 国　籍：英国
- 主要成就：提出牛顿运动定律、万有引力定律等

艾萨克·牛顿

打开身体的秘密

> 在哥白尼发表《天体运行论》的同一年,也就是1543年,另一部伟大的著作《人体构造》也问世了。《天体运行论》掀起了天文学界的革命,《人体构造》则引发了医学界的革命,从此以后,解剖学进入了一个崭新的历史阶段。

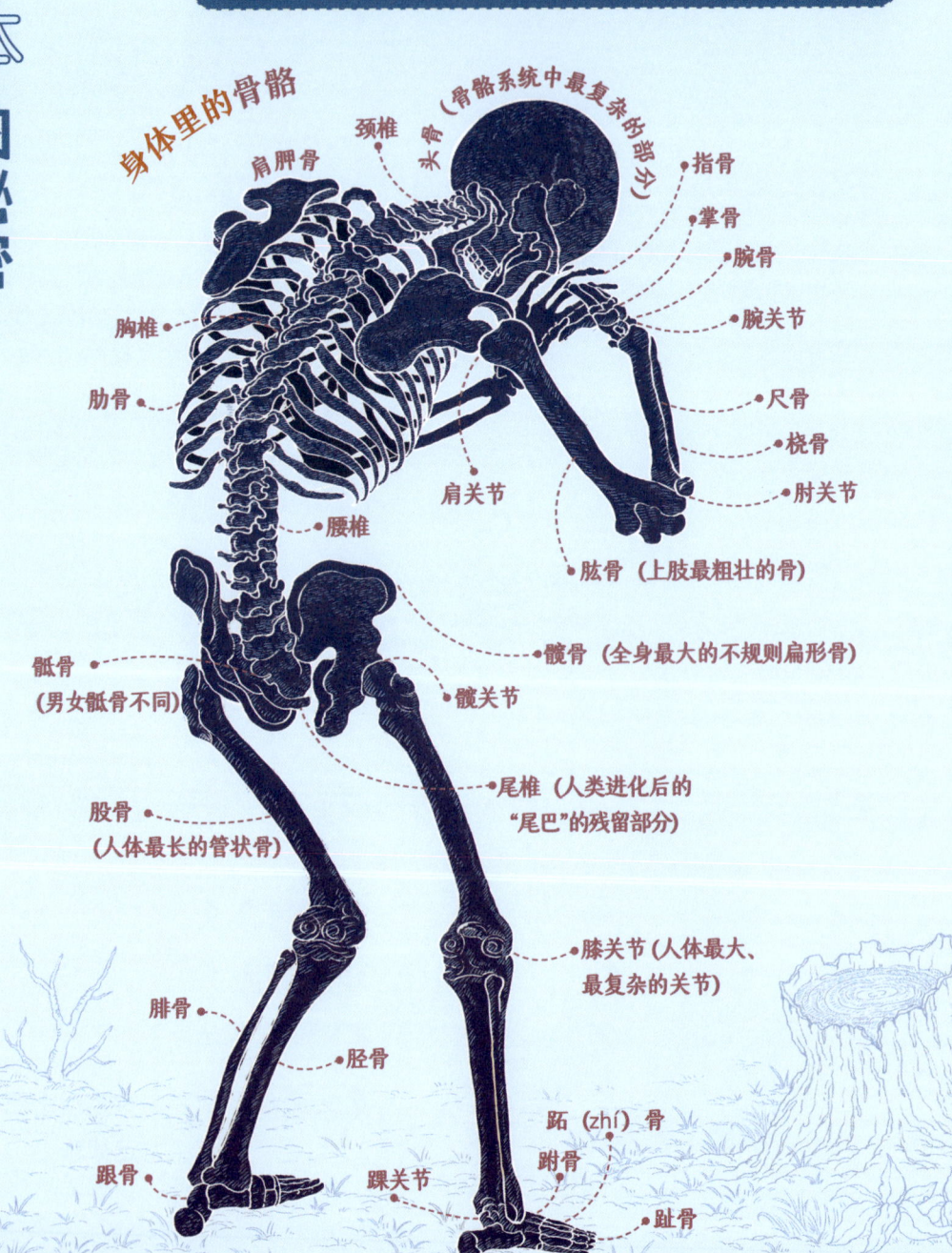

身体里的骨骼

- 肩胛骨
- 颈椎
- 头骨(骨骼系统中最复杂的部分)
- 指骨
- 掌骨
- 腕骨
- 腕关节
- 胸椎
- 肋骨
- 尺骨
- 桡骨
- 肘关节
- 肩关节
- 腰椎
- 肱骨(上肢最粗壮的骨)
- 髋骨(全身最大的不规则扁形骨)
- 骶骨(男女骶骨不同)
- 髋关节
- 尾椎(人类进化后的"尾巴"的残留部分)
- 股骨(人体最长的管状骨)
- 膝关节(人体最大、最复杂的关节)
- 腓骨
- 胫骨
- 跖(zhí)骨
- 跟骨
- 踝关节
- 跗骨
- 趾骨

身体里的器官

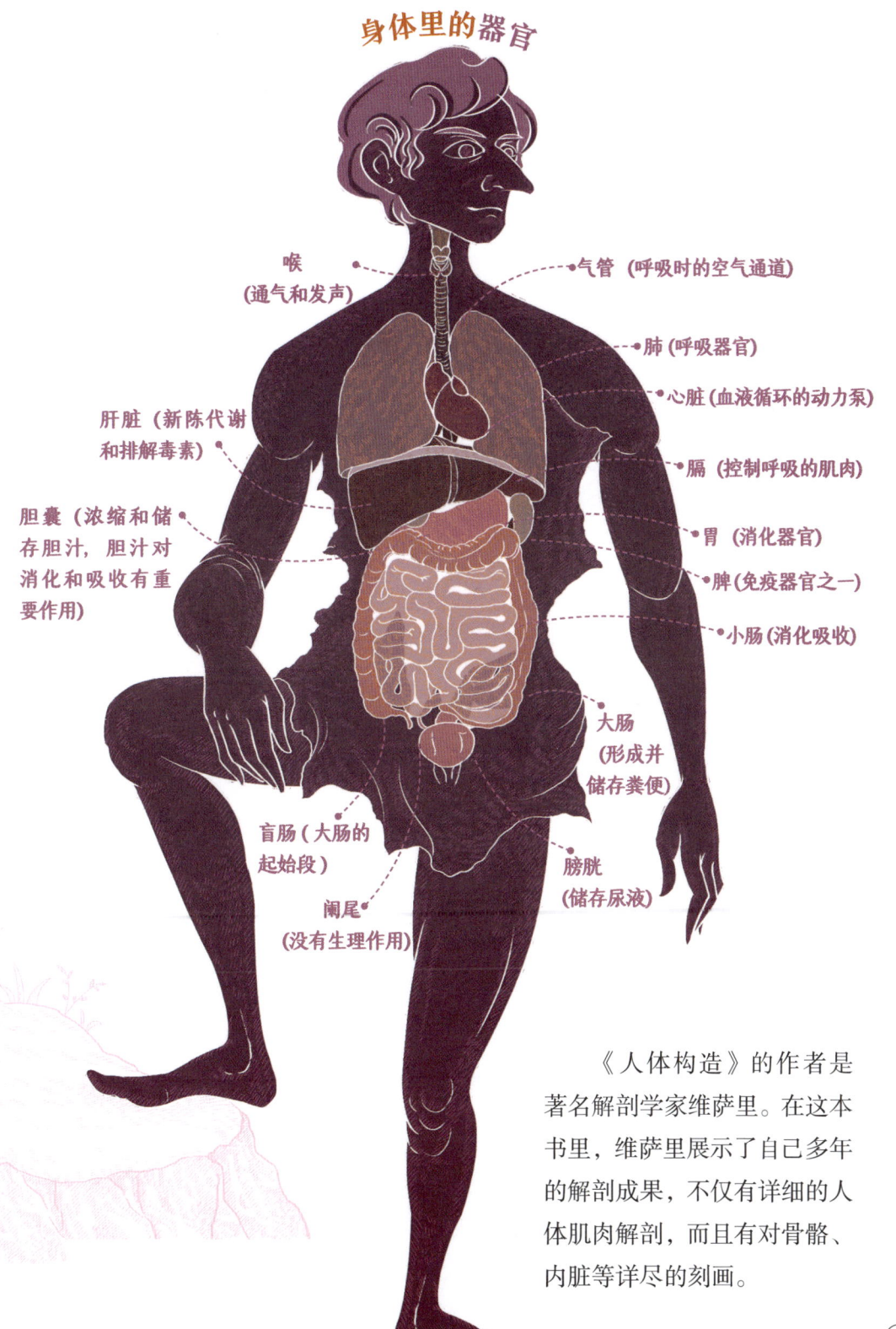

- 喉（通气和发声）
- 气管（呼吸时的空气通道）
- 肺（呼吸器官）
- 心脏（血液循环的动力泵）
- 肝脏（新陈代谢和排解毒素）
- 膈（控制呼吸的肌肉）
- 胆囊（浓缩和储存胆汁，胆汁对消化和吸收有重要作用）
- 胃（消化器官）
- 脾（免疫器官之一）
- 小肠（消化吸收）
- 大肠（形成并储存粪便）
- 盲肠（大肠的起始段）
- 膀胱（储存尿液）
- 阑尾（没有生理作用）

《人体构造》的作者是著名解剖学家维萨里。在这本书里，维萨里展示了自己多年的解剖成果，不仅有详细的人体肌肉解剖，而且有对骨骼、内脏等详尽的刻画。

身体里的肌肉

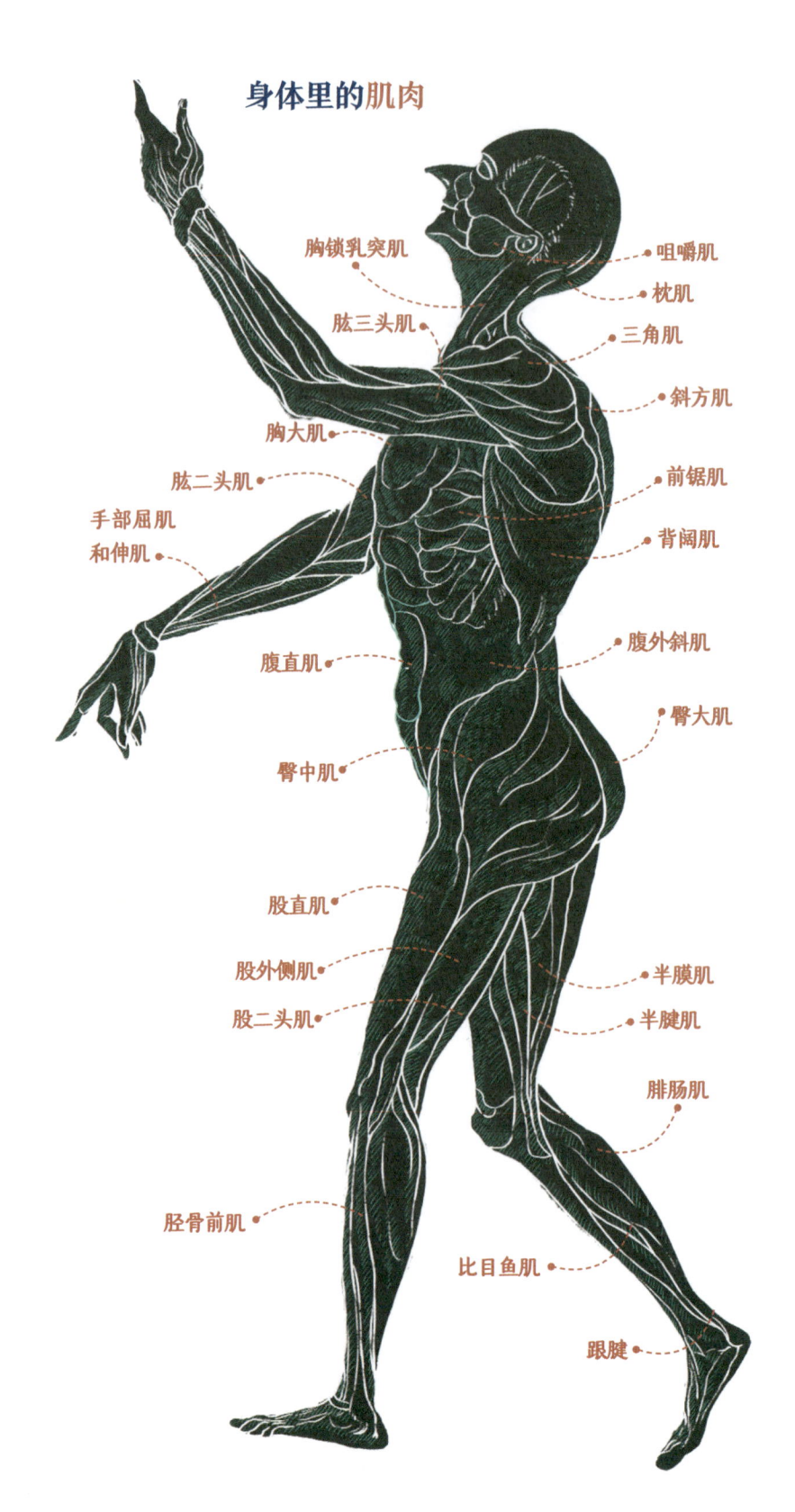

- 胸锁乳突肌
- 肱三头肌
- 胸大肌
- 肱二头肌
- 手部屈肌和伸肌
- 腹直肌
- 臀中肌
- 股直肌
- 股外侧肌
- 股二头肌
- 胫骨前肌

- 咀嚼肌
- 枕肌
- 三角肌
- 斜方肌
- 前锯肌
- 背阔肌
- 腹外斜肌
- 臀大肌
- 半膜肌
- 半腱肌
- 腓肠肌
- 比目鱼肌
- 跟腱

对于现代的医生来说，解剖是一件很平常的事，他们在成为医生之前都会在学校上解剖课，对尸体进行解剖观察，但这在维萨里的年代是不被允许的。当时的欧洲社会，教会禁止解剖人类尸体，所以医生们只能通过解剖动物来"想象"人类的内部组织构造，这就导致人们对人体的认识有错误。维萨里在大学期间就不满学校保守的教学方法，甚至曾半夜偷回绞刑架上被处死的犯人尸体进行解剖。后来担任教授之后，他仍然坚持解剖，并且亲自用尸体给学生展示人体的各个部分，纠正了许多当时对于人体构造的错误观念。可以说是维萨里开启了解剖学，他是当之无愧的"解剖学之父"。

★ 科学巨人档案 ★

安德烈·维萨里

安德烈·维萨里

性　　别▶ 男

生 卒 年▶ 1514—1564 年

国　　籍▶ 比利时

主要成就▶ 解剖学之父，著有《人体构造》

在身体里畅游的"搬运工"

维萨里发现了身体内有关肌肉、骨骼和脏器的秘密,但没有揭开血液的秘密。人体内充满了血液,我们摔跤会流血,不小心割伤自己也会流血,而且身体的任何部位都有可能流血,看起来我们的血液多得不得了。但实际上,人体内的血液是有限的,只是它们在我们的身体里不断地流动着、循环着,就像辛勤的搬运工,为我们身体的各处输送氧气和养料。

心脏血液循环

发现血液循环规律的人是英国科学家哈维,他把自己的著作总结在一部《心血运动论》中。哈维提出了血液循环的方式和过程:从右心室排出的血液,经过肺动脉和肺静脉,进入左心室,再进入主动脉,到达肢体各部分,最后通过身体上的静脉回到右心室,完成循环。

肺动脉	肺部毛细血管网	肺静脉	
	二氧化碳　氧气		肺循环
右心室	肺泡	左心房	
右心房	身体各部分（体循环）	左心室	

全身血液循环

不过，由于时代的限制，哈维最终没能证明动脉血是如何进入静脉血管的，我们现在之所以得知其中的原理，则要感谢一位意大利医学家马尔比基——他在1661年发现了毛细血管的存在。

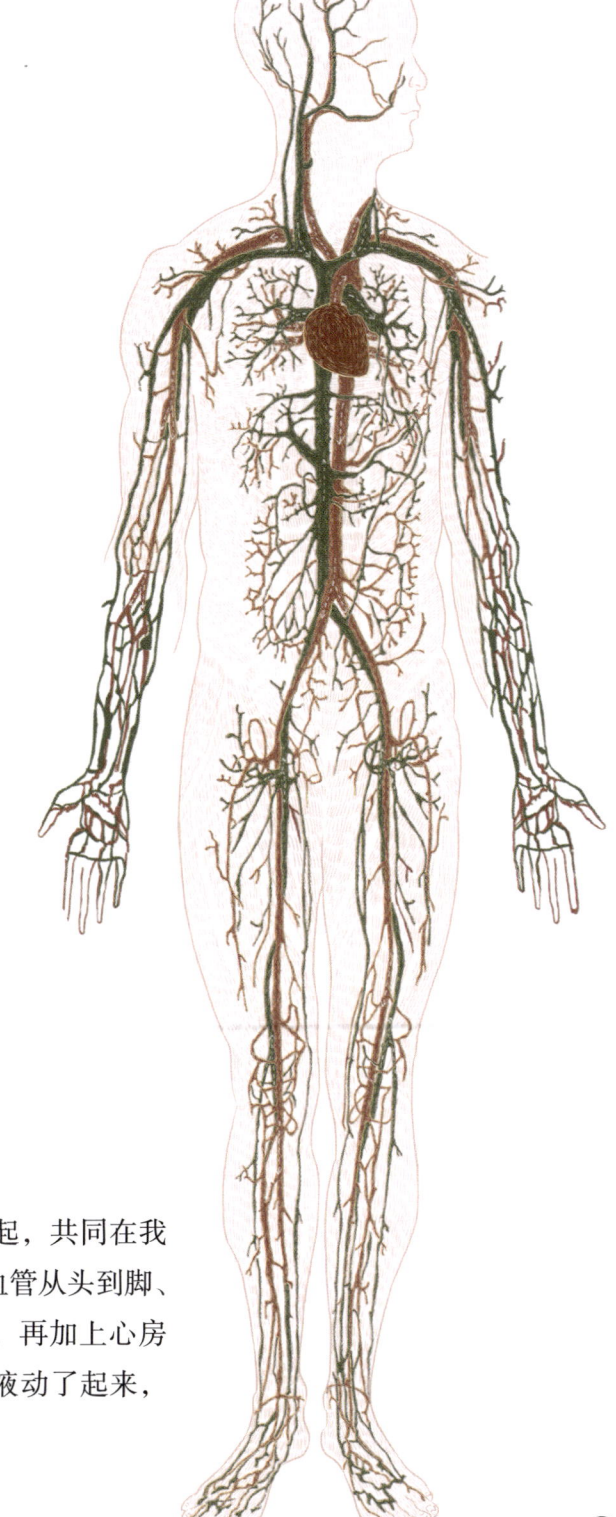

毛细血管和各级血管连在一起，共同在我们的身体里"织了一张网"，这些血管从头到脚、从眼眶到指尖，遍布我们的身体，再加上心房和心室全年无休地收缩，才让血液动了起来，完成了身体里的血液循环。

脑部毛细血管

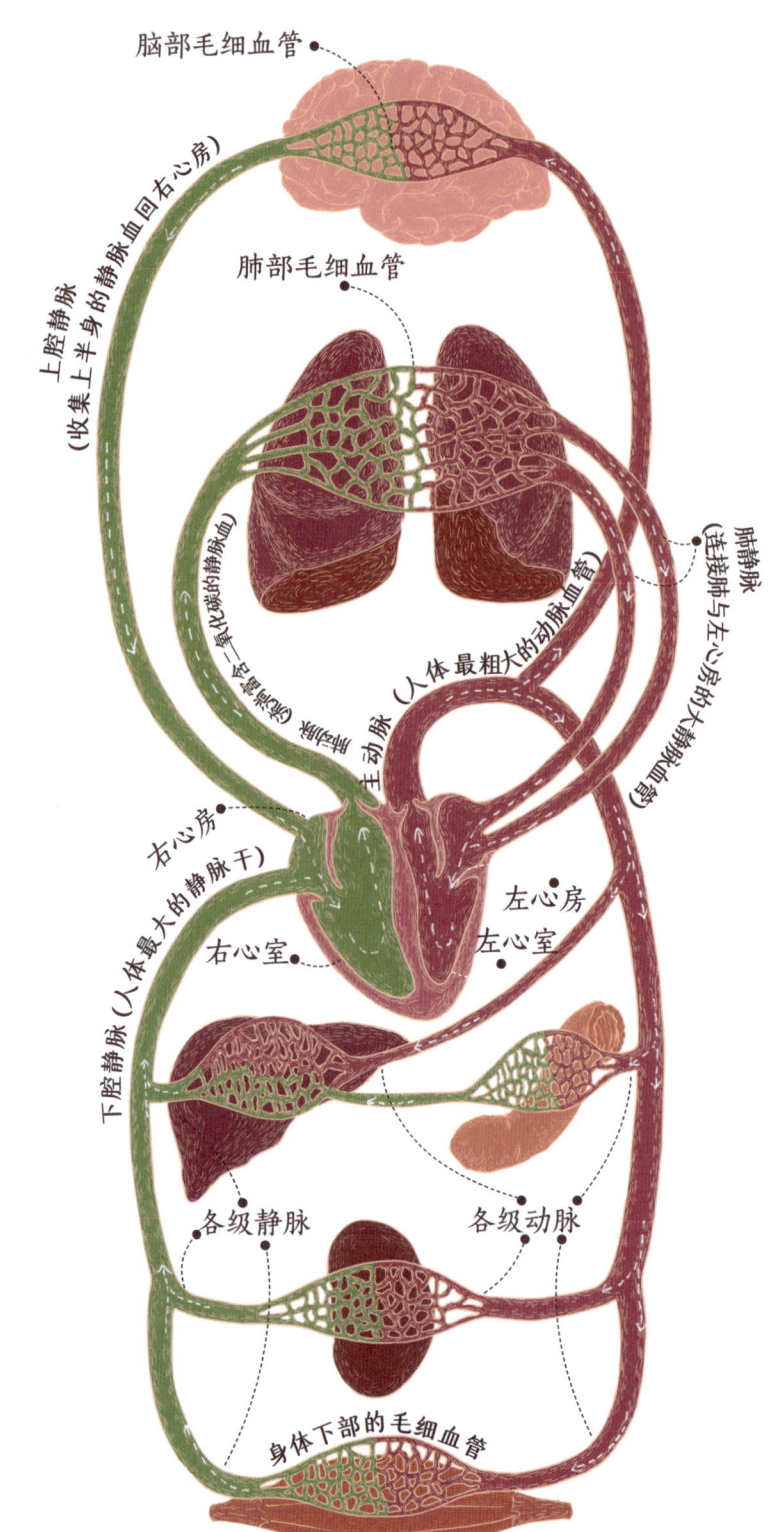

肺部毛细血管

上腔静脉（收集上半身的静脉血回右心房）

肺静脉（连接肺与左心房的大静脉血管）

输送含有二氧化碳的静脉血

主动脉（人体最粗大的动脉血管）

肺动脉（连接肺与右心室的大静脉血管）

右心房

左心房

右心室

左心室

下腔静脉（人体最大的静脉干）

各级静脉

各级动脉

身体下部的毛细血管

我们身体里的血液分为两种：动脉血和静脉血。这两种血液的区别在于血液中携带的物质不同。动脉血包含较多的氧气和身体需要的营养物质，呈现出鲜艳的红色；静脉血包含较多的二氧化碳和身体代谢出的产物，呈现出柔和的紫红色。值得注意的是，这两种血液贯穿身体循环的各个角落，并且互相连通。动脉血可以流淌在静脉血管中，静脉血也有机会在动脉血管中流淌，而且它们还可以在遍布全身的毛细血管中互相转换。肺循环和体循环中都包含了这种转换，人体也依此维持运转。

心脏的构造

我们常常把心脏比喻为人体内的泵,是人体运转的动力源,这个比喻其实就是指代心脏在血液循环中的重要作用。只有心脏不停地收缩,才能让血液不停歇地循环下去,想弄清楚人体内血液究竟是怎样完成循环的,就必须知道心脏的构造。

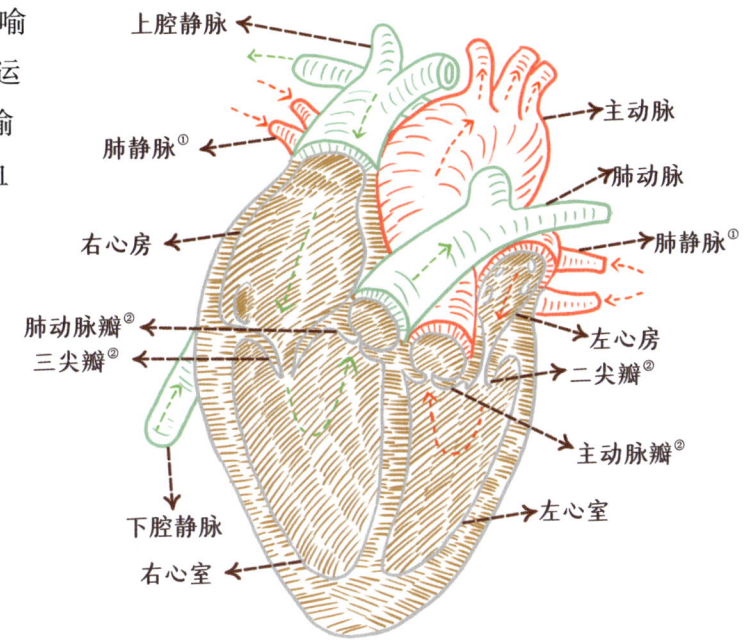

上腔静脉
肺静脉[1]
右心房
肺动脉瓣[2]
三尖瓣[2]
下腔静脉
右心室
主动脉
肺动脉
肺静脉[1]
左心房
二尖瓣[2]
主动脉瓣[2]
左心室

[1] 肺静脉连接肺与左心房的大静脉,左右各有两条。
[2] 心脏内所有的瓣膜都是"单向开关",以此防止血液逆流。

★ 科学巨人档案 ★

威廉·哈维

性　　别	男
生 卒 年	1578—1657年
国　　籍	英国
主要成就	发现血液循环的规律

威廉·哈维

从炼金术到化学

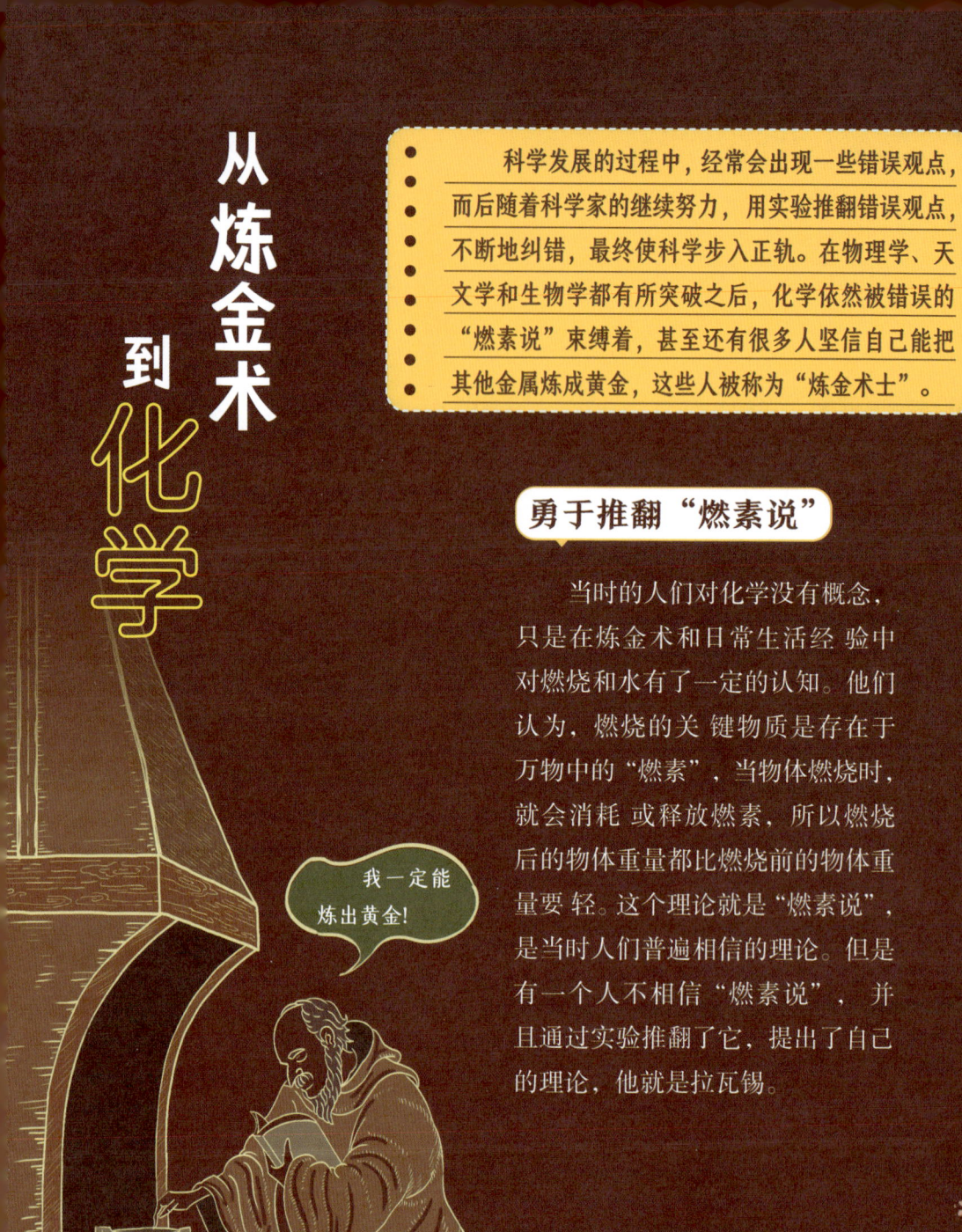

科学发展的过程中，经常会出现一些错误观点，而后随着科学家的继续努力，用实验推翻错误观点，不断地纠错，最终使科学步入正轨。在物理学、天文学和生物学都有所突破之后，化学依然被错误的"燃素说"束缚着，甚至还有很多人坚信自己能把其他金属炼成黄金，这些人被称为"炼金术士"。

勇于推翻"燃素说"

当时的人们对化学没有概念，只是在炼金术和日常生活经验中对燃烧和水有了一定的认知。他们认为，燃烧的关键物质是存在于万物中的"燃素"，当物体燃烧时，就会消耗或释放燃素，所以燃烧后的物体重量都比燃烧前的物体重量要轻。这个理论就是"燃素说"，是当时人们普遍相信的理论。但是有一个人不相信"燃素说"，并且通过实验推翻了它，提出了自己的理论，他就是拉瓦锡。

我一定能炼出黄金！

拉瓦锡不相信"燃素说",是因为"燃素说"无法清晰地解释金属燃烧后反而变重的问题。为了寻求正确答案,拉瓦锡接连做了一系列实验,观察各种物体燃烧前后的变化。拉瓦锡发现,燃烧后的金属确实变重了,但是如果把密闭实验器材整体称重,得到的重量却和燃烧之前相同,所以必然有其中一种物体被消耗掉了。当打开密闭容器后,有外界空气进入,再次称重的结果则比之前要重。这证明,燃烧所消耗的不是所谓的燃素,而是空气中的某种气体。通过这个实验,拉瓦锡彻底推翻了"燃素说"。

汞燃烧后生成了一种红色的物质,其质量并没有减少,反而是钟罩内的空气变少了,这说明燃烧消耗的不是物体本身的燃素,而是空气中的某种气体。

- ① 包含燃素的树木
- ② 燃烧燃素的树木
- ③ 失去燃素的灰烬

- 拉瓦锡将少量汞放在此密闭容器内连续加热了十二天,发现有红色粉末(氧化汞)生成。

- 曲颈甑弯曲的瓶颈将实验材料与外界隔绝。
- 汞的燃烧消耗了钟罩内空气里的氧气。
- 汞槽使玻璃钟罩成为封闭空间,保证钟罩内不再进入其他空气。

发现氧气

有一天，一位叫作普里斯特利的英国科学家来拜访拉瓦锡。他说自己从实验中分离出了一种有趣的气体，这种气体可以使蜡烛燃烧得更旺，也可以使自己感觉呼吸更轻松，但是他不明白这是怎么回事。拉瓦锡听完他的话后陷入沉思，他突然意识到普里斯特利其实是将空气中支持燃烧的气体分离出来了！后来拉瓦锡重复了这个实验并宣布：空气由两种气体构成，一种支持燃烧，另一种不支持燃烧，同时，他将支持燃烧的气体称为氧气，这就是氧气名称的来源。

好喝！

除了拉瓦锡，这一时期也有其他科学家在空气研究方面取得了进展，其中最有趣的当数有关二氧化碳的研究。在其他科学家发现二氧化碳之后，曾经发现氧气的普利斯特又发现，当二氧化碳与水混合时，会产生一种令人愉悦的泡沫饮料，这正是我们现在常喝的苏打水。当然，有泡的碳酸饮料也是从这里找到的灵感。

★ **科学巨人档案** ★

安托万-洛朗·拉瓦锡

性　　别 男

生 卒 年 1743—1794 年

国　　籍 法国

主要成就 近代化学的奠基人

安托万-洛朗·拉瓦锡

世界是个巨大的 元素周期表

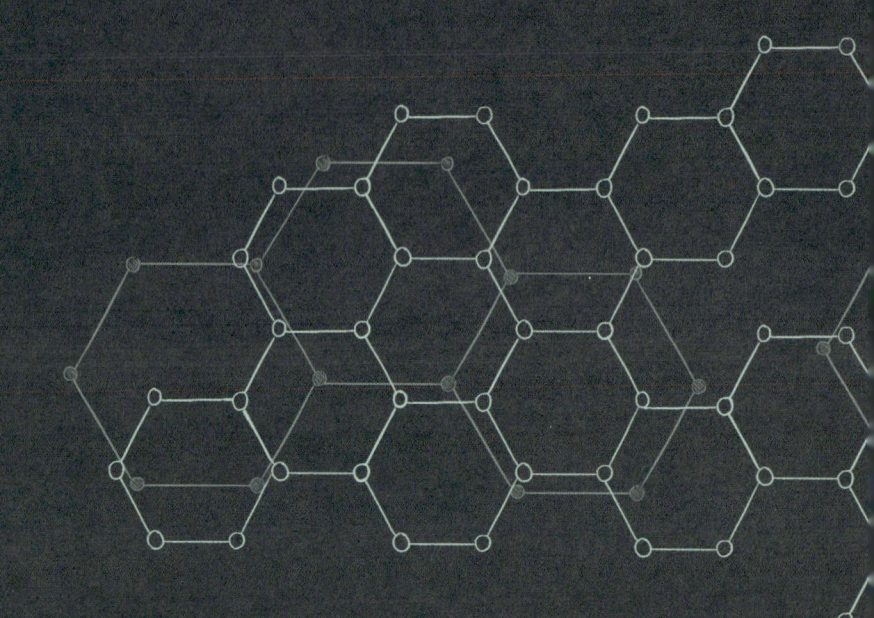

> 拉瓦锡虽然打开了化学的大门，但是之后的很长一段时间，化学仍然停滞在拉瓦锡的辉煌时期，并没有突破性的进展，直到有人发现了元素周期律，并最终编成了世界上第一张化学元素周期表。

第一张元素周期表由俄国科学家门捷列夫编成。虽然这张表中的元素只有 60 多种，但是门捷列夫已经根据元素周期律（元素性质的周期性规律）预测出了一些当时还没被发现的元素及其特性，并且这些元素都在后世的科学发展过程中得到了验证。

从门捷列夫写出第一张元素周期表到现代包含 100 多种元素的元素周期表，这中间各国科学家都在不懈努力，不断地将元素周期表发展和完善，不仅增加了元素的种类，还描画出更加精彩好玩的元素周期表。

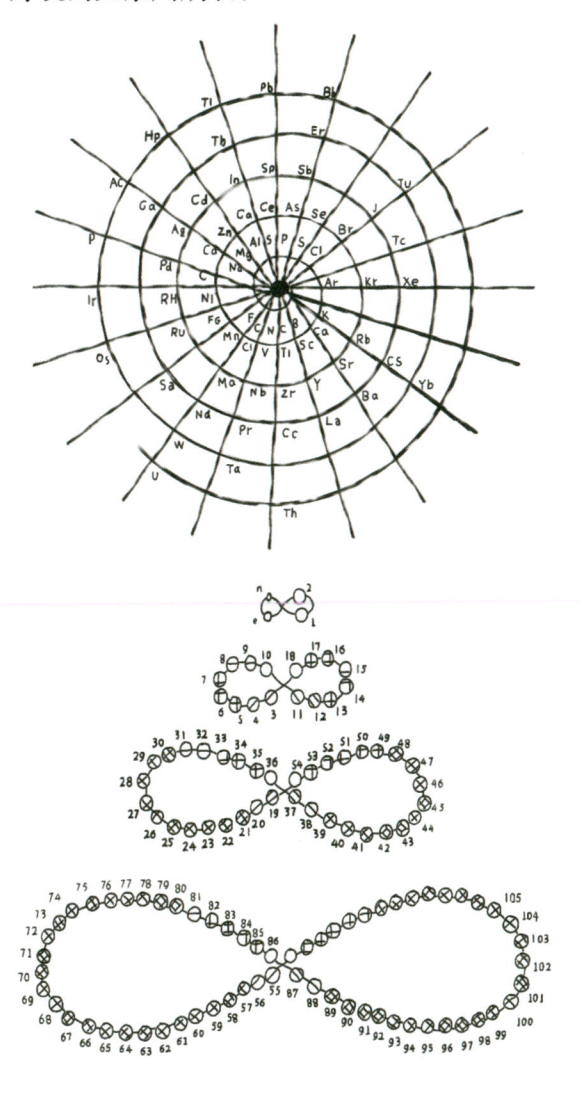

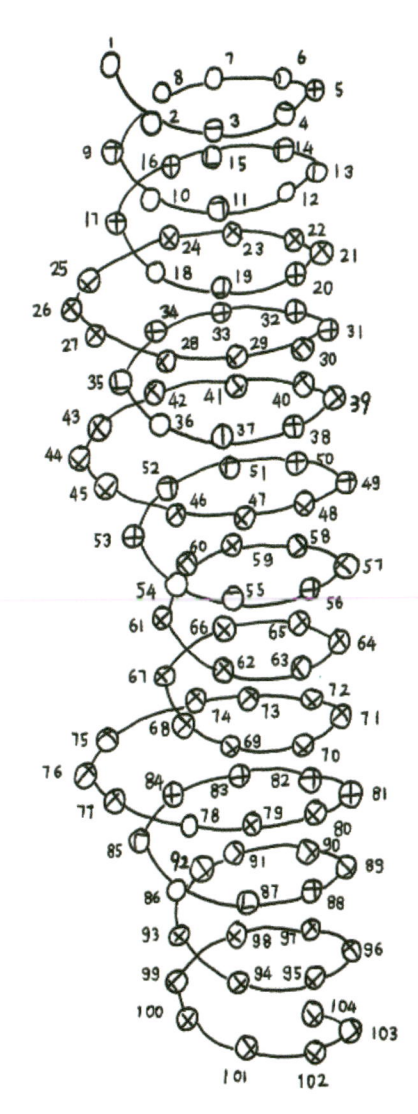

| 原子序数 | 92 | U 铀 |

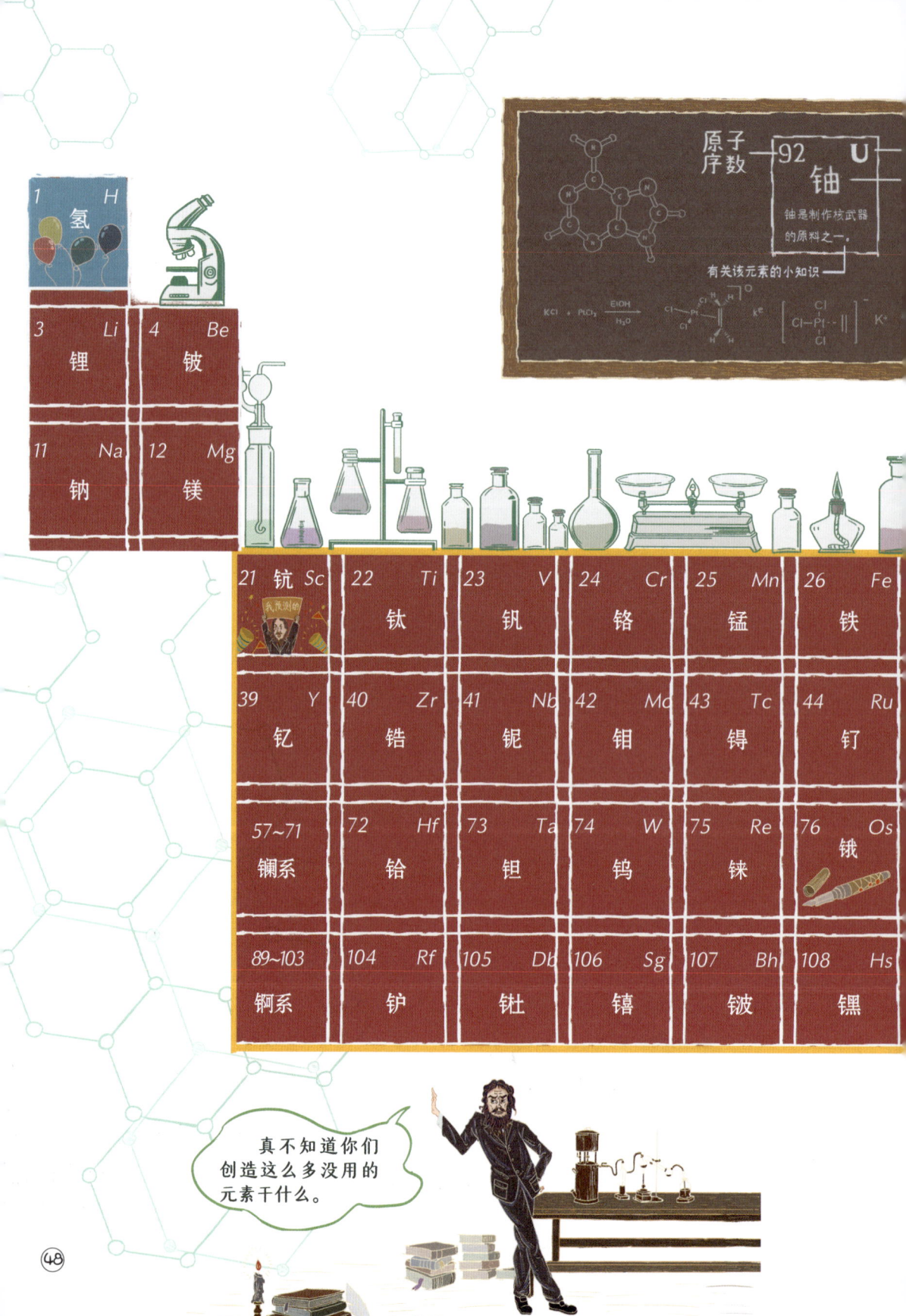

铀是制作核武器的原料之一。

有关该元素的小知识

1	H 氢

| 3 | Li 锂 | 4 | Be 铍 |
| 11 | Na 钠 | 12 | Mg 镁 |

21	Sc 钪	22	Ti 钛	23	V 钒	24	Cr 铬	25	Mn 锰	26	Fe 铁
39	Y 钇	40	Zr 锆	41	Nb 铌	42	Mo 钼	43	Tc 锝	44	Ru 钌
57~71 镧系		72	Hf 铪	73	Ta 钽	74	W 钨	75	Re 铼	76	Os 锇
89~103 锕系		104	Rf 𬬻	105	Db 𬭊	106	Sg 𬭳	107	Bh 𬭛	108	Hs 𬭶

真不知道你们创造这么多没用的元素干什么。

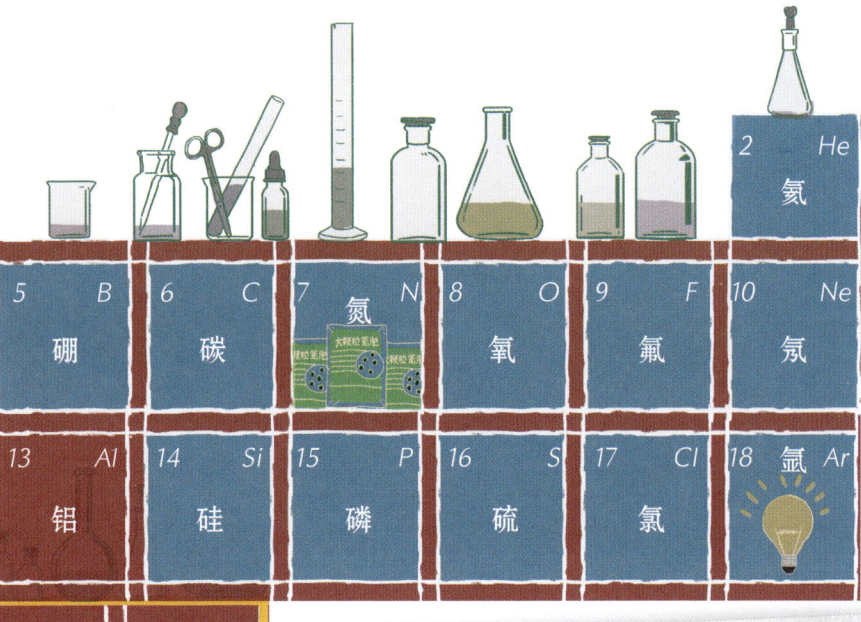

	2 He 氦					
5 B 硼	6 C 碳	7 N 氮	8 O 氧	9 F 氟	10 Ne 氖
13 Al 铝	14 Si 硅	15 P 磷	16 S 硫	17 Cl 氯	18 Ar 氩

Co	28 Ni 镍	29 Cu 铜	30 Zn 锌
Rh	46 Pd 钯	47 Ag 银	48 Cd 镉
Ir	78 Pt 铂	79 Au 金	80 Hg 汞
Mt	110 Ds 𫟼	111 Rg 𬬭	112 Cn 𫟷

★科学巨人档案★

德米特里·门捷列夫

性　　别 ▶ 男

生 卒 年 ▶ 1834—1907 年

国　　籍 ▶ 俄国

主要成就 ▶ 发明元素周期表

天空『爆炸』，遍地『开花』

化学实验总是非常神奇，有的能使火焰瞬间燃烧，有的能让物质改变颜色。所以，在很长一段时间里，人们常常把化学实验当成是魔法表演——毕竟，虽然有人发现了各种元素及元素周期表，但是这没有对人们的生活产生实质性的影响。实际上，当时的人们真的低估了化学，因为已经有人证明了这门学科不仅能给生活带来巨大的影响，而且拥有难以想象的能量！

"炸"响天地的大发明

诺贝尔是瑞典著名的发明家，他一生拥有355项专利发明，在20多个国家开设了大约100家公司和工厂，元素周期表中的锘元素就是为了纪念诺贝尔而命名的。不过，要说起诺贝尔最成功、最为人所知的发明，那就非炸药莫属了。

哇！烟花好漂亮！

好险！

诺贝尔首先研制出的炸药是硝化甘油,这种液体甚至会因为震动而爆炸,因为太危险了,所以并不实用。后来诺贝尔发现,将某些物质加入硝化甘油中,会使硝化甘油变得稳定,发明了安全的炸药。除此之外,如何引爆也是个难题,直到诺贝尔发明了雷管。雷管是一种用于起爆的装置,将稳定的炸药放到雷管中,在需要引爆的时候再去刺激雷管就可以了。于是,诺贝尔终于发明了有实用价值的炸药!

炸药其实是一种化合物,可以在非常短的时间内剧烈地燃烧、膨胀,这也就形成了我们所知的爆炸。为了研制出高效的炸药,人们一直在调整炸药中的各种物质及其用量,但每次调整都需要通过炸药实际爆炸的效果来检验成果,而且制作炸药的化合物大多易燃易爆,稍有不慎就可能引起爆炸,所以研制炸药是一项非常危险的工作,诺贝尔就遭遇过炸药工厂爆炸的事故。

取得炸药的专利之后,诺贝尔并没有停下脚步,他开设了诺贝尔公司,经营炸药事业,同时不断地研究新炸药、开拓新事业,最终积累了巨额的财富。

诺贝尔奖的由来

1895年，诺贝尔立下遗嘱，将他遗产的大部分（大约920万美元）作为基金，把这笔钱每年所得的利息或者投资的收益分成五份，分别授予世界各国在物理学、化学、生理学或医学、文学以及和平五个领域有突出贡献的人，这就是我们现在熟知的诺贝尔奖。

经过长久的历史沉淀，现在在世界范围内，诺贝尔奖通常被认为是这五个领域内最重要的奖项。现在的诺贝尔奖共有六个奖项，分别为：诺贝尔物理学奖、诺贝尔化学奖、诺贝尔生理学或医学奖、诺贝尔文学奖、诺贝尔和平奖和诺贝尔经济学奖。其中，前五个奖项是诺贝尔在遗嘱中设立的，最后的经济学奖是瑞典国家银行在1968年增加的奖项。

★ 科学巨人档案 ★

阿尔弗雷德·贝恩哈德·诺贝尔

阿尔弗雷德·贝恩哈德·诺贝尔

- **性　　别** 男
- **生 卒 年** 1833—1896年
- **国　　籍** 瑞典
- **主要成就** 发明炸药、创立诺贝尔奖

获得诺贝尔奖的难度非常大，但世界各国的杰出人士也相当多。几百年来，有很多人获得了诺贝尔奖，甚至有的人还获得了两次！一起来看看都有哪些人两次获得了诺贝尔奖吧！

莱纳斯·卡尔·鲍林

国　籍 美国

主要成就 有关化学键的研究，获诺贝尔化学奖；反对核武器在地面测试，获诺贝尔和平奖

玛丽·居里（居里夫人）

国　籍 法国

主要成就 发现放射性现象，获诺贝尔物理学奖；提炼出镭，获诺贝尔化学奖

约翰·巴丁

国　籍 美国

主要成就 发现晶体管效应，获诺贝尔物理学奖；建立超导 BCS 理论，获诺贝尔物理学奖

弗雷德里克·桑格

国　籍 英国

主要成就 完整定序了胰岛素的氨基酸序列，获诺贝尔化学奖；提出快速测定 DNA 序列的"桑格法"，获诺贝尔化学奖

地球到底有多少层

1669年，丹麦科学家斯丹丹诺在野外观察中发现一个现象：年代比较新的地层会叠覆在年代比较老的地层上面。根据此发现，斯丹诺进而提出了著名的地层层序律。我们可以把地球看作一个"千层饼"，这个"千层饼"的制作经过了很长时间，先做第一层，再做第二层叠上去，再做第三层叠上去……以此类推，最后就形成了层层叠加的"千层饼"，其中的每一层都是一个地层。

> 我们经常会思考，人类究竟从哪儿来？值得高兴的是，科学家们也很关心这个问题，他们想从人类和动物身上找出蛛丝马迹，可努力了几百年也没能得到答案。其实，这个答案应该从我们脚下来找！

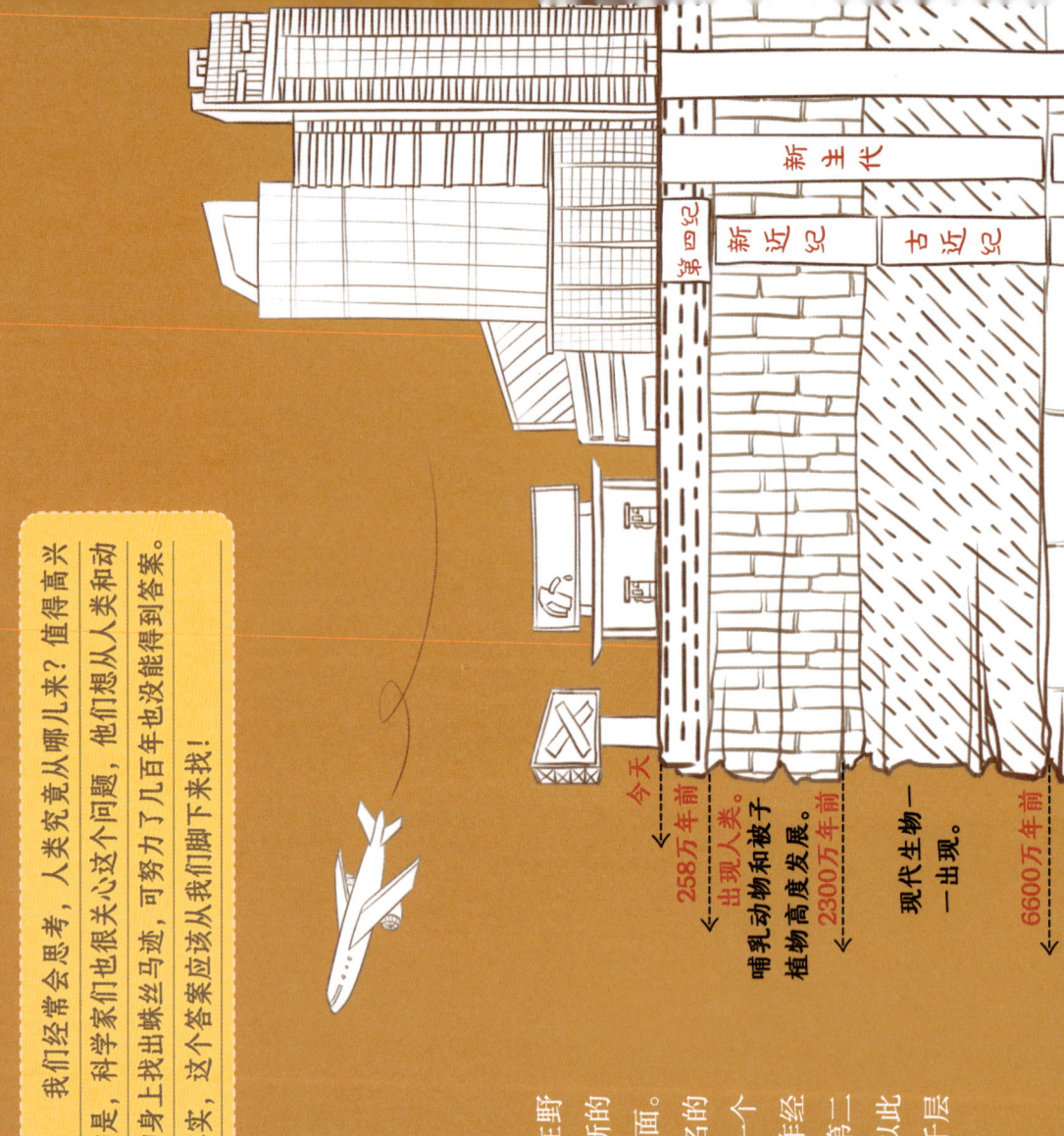

新生代
第四纪 — 新近纪 — 古近纪

今天 ← 出现人类。
258万年前 ← 哺乳动物和被子植物高度发展。
2300万年前 ← 现代生物——出现。
6600万年前

地层层序律证明了地层的顺序，肯定了地层的价值，但是想要通过地层研究人类的起源，还需要别的体系。有位叫威廉・史密斯的英国科学家。也经常在野外进行测量和调查，他不仅发现了地层结构的规律，而且发现每一层都含有独特的化石，于是提出了可以通过地层中所含化石来鉴定地层年代的方法，因此被誉为“地层学之父”。

然而，斯丹诺和史密斯的方法都是只能看出哪个地层在前，哪个地层在后，无法准确地计算地层所处的具体时间，这时候就要用到化学知识了。科学家们发现，某些化学元素会随着时间的推移逐渐发生改变，我们将这个过程称为“衰变”。科学家们可以通过测量地层中某些元素的衰变情况，来确定这个地层形成的准确时间，我们把这种方法叫作同位素定年法。

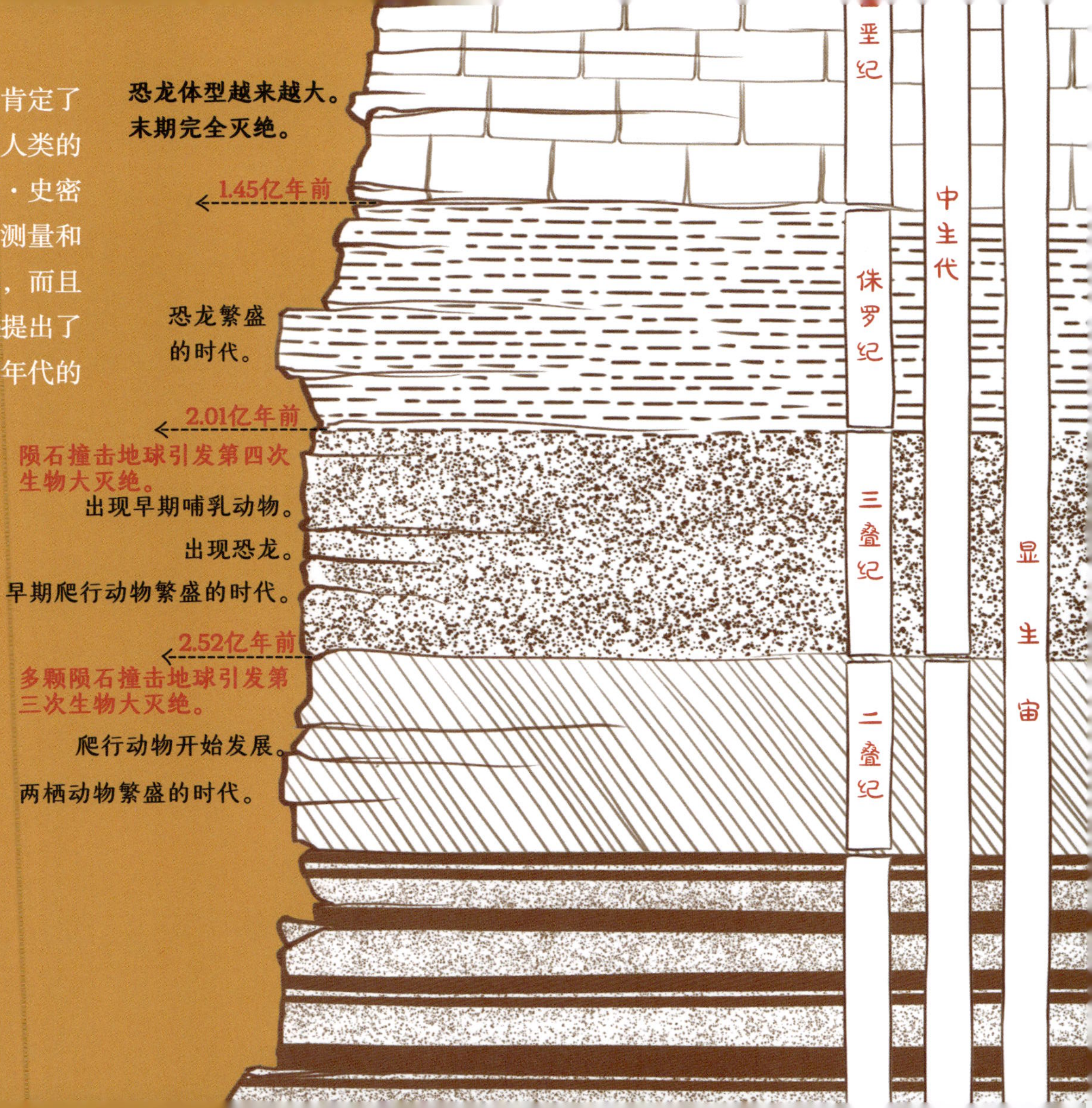

恐龙体型越来越大。
末期完全灭绝。
1.45亿年前
恐龙繁盛的时代。
2.01亿年前
陨石撞击地球引发第四次生物大灭绝。
出现早期哺乳动物。
出现恐龙。
早期爬行动物繁盛的时代。
2.52亿年前
多颗陨石撞击地球引发第三次生物大灭绝。
爬行动物开始发展。
两栖动物繁盛的时代。
垩纪
侏罗纪
三叠纪
二叠纪
中生代
显生宙

古生代

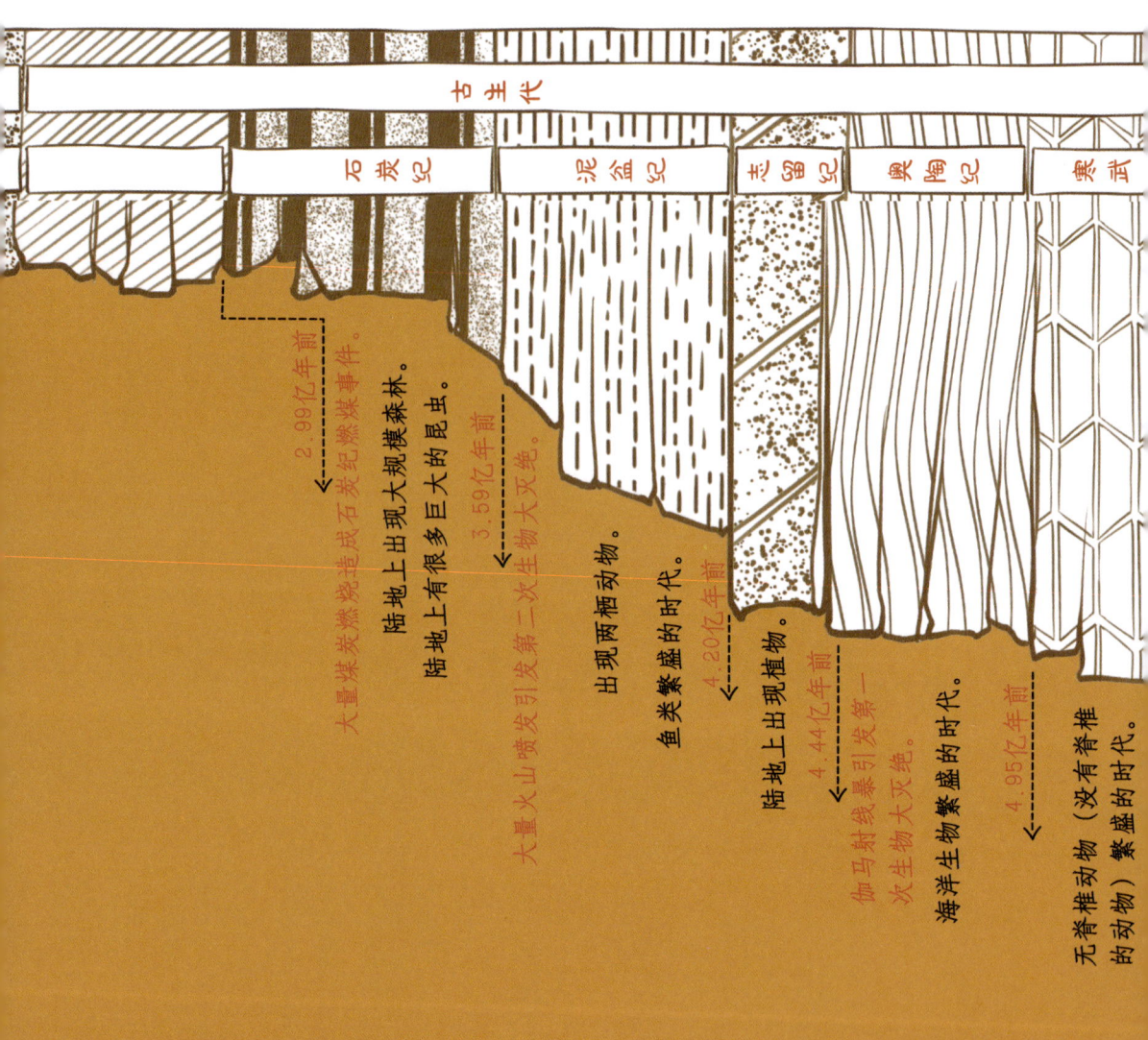

| 石炭纪 | 泥盆纪 | 志留纪 | 奥陶纪 | 寒武纪 |

← 2.99亿年前
大量煤炭燃烧造成石炭纪燃煤事件。
陆地上出现大规模森林。
陆地上有很多巨大的昆虫。

← 3.59亿年前
大量火山喷发引发第二次生物大灭绝。

出现两栖动物。
鱼类繁盛的时代。

← 4.20亿年前
陆地上出现植物。

← 4.44亿年前
伽马射线爆引发第一次生物大灭绝。
海洋生物繁盛的时代。

← 4.95亿年前
无脊椎动物（没有脊椎的动物）繁盛的时代。

后世的科学家们在前人的基础上不断努力，最终确定了我们现在所知的地质年代。按照时间的先后顺序，我们将地质年代按照时间表述为：宙、代、纪、世等。具体是怎么回事呢？一起到地层中寻找答案吧！

| 元古宙 | 太古宙 | 冥古宙 |

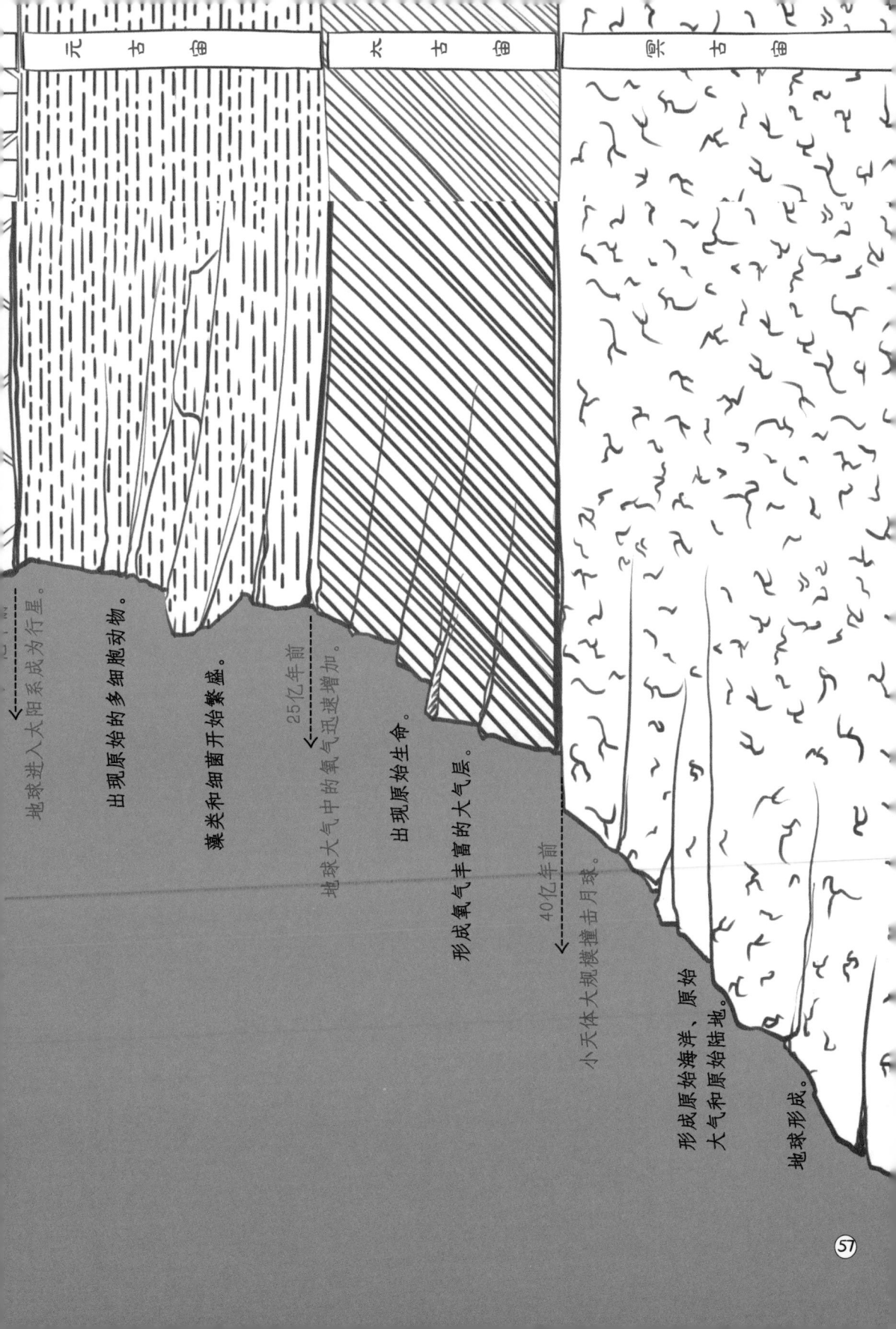

- 地球进入太阳系成为行星。
- 出现原始的多细胞动物。
- 藻类和细菌开始繁盛。
- 25亿年前
- 地球大气中的氧气迅速增加。
- 出现原始生命。
- 形成氧气丰富的大气层。
- 40亿年前
- 小天体大规模撞击月球。
- 形成原始海洋、原始大气和原始陆地。
- 地球形成。

给大自然分门别类

一般不会移动，能自己将无机物合成有机物来维持生存。

- 地衣门
- 苔藓植物门
- 蕨类植物门
- 裸子植物门
- 被子植物门
- 藻类植物

植物界

原核生物界

原生生物界

真菌界

动物界

> 18世纪以前，自然界的各种植物和动物在不同的地方也许会有不同的名字。面对眼前的小动物，现在的你能毫不犹豫地说出它是什么，而在18世纪以前，你可能需要好好思索一番。幸运的是，分类学家林奈为我们解决了这个难题，他发明的分类方法非常好用，至今仍在沿用。

林奈当年根据生物是否可以运动只分出了两个界：植物界和动物界。

后来的人们提出了第三个界——原生生物界，包含了原生动物、藻类、细菌、真菌等。已知真菌虽然不会移动，且看起来很像植物，但它们无法自己制造有机物（植物可以自己制造有机物），只能从外界获取。这种获取营养的方式和动物很像，所以真菌被单独分为真菌界，成为四界系统。随着技术的进步，人们用显微镜发现，并不是所有的细胞都有细胞核，根据这一点，没有细胞核的原核生物界诞生了，正式进入了五界分类系统时代。

海绵动物门
棘皮动物门
原生动物门
腔肠动物门
扁形动物门
线形动物门
环节动物门
软体动物门
节肢动物门
口索动物亚门
尾索动物亚门
头索动物亚门
脊椎动物亚门
脊索动物门

盲鳗纲
七鳃鳗纲
软骨鱼纲
硬骨鱼纲
两栖纲
爬行纲
鸟纲
哺乳纲

生物分类有什么用？

生物分类是由生物本身的特征和各个生物之间的相似程度作为依据的。面对大自然中成千上万的生物，条理清晰的分类系统显然可以让我们第一时间"对号入座"，了解某个物种的特征。而生物之间的相似性也可以让我们搞清不同生物之间的亲缘关系，对于研究生物的进化也有很大的帮助。

单孔目
有袋目
食虫目
皮翼目
翼手目
带甲目
披毛目
食肉目
鲸目
海牛目
长鼻目
奇蹄目
蹄兔目
管齿目
偶蹄目
鳞甲目
啮齿目
兔形目
鳍脚目

灵长目是动物界最高等的类群。

灵长目

鼠狐猴科
狐猴科
嬉猴科
大狐猴科
指猴科
婴猴科
懒猴科
眼镜猴科
卷尾猴科
夜猴科
僧面猴科
䗁猴科
猴科
长臂猿科

经常性直立行走，是人科动物的一个重要特征。

人科

林奈创立了双名法的命名方法，用属名加种名来为动植物命名，这样不仅避免了同一物种在不同语言中有不同名称的尴尬，也方便翻译。这种命名法在植物学、动物学和细菌学领域都有广泛的应用。林奈根据生物的不同特性将其归类，把自己的分类体系分为几个层次：界、门、纲、目、科、属、种。这种分类体系也一直延续到了现代。

仔细看看这个分类系统，你能完整说出人类在分类系统中的位置吗？

猩猩属

大猩猩属

黑猩猩属

人属曾有14个种，其中13个种都灭绝了。

人属

智人种是世界现存的唯一人种。

智人种

★ 科学巨人档案 ★

卡尔·冯·林奈

性　　别 男

生 卒 年 1707—1778 年

国　　籍 瑞典

主要成就 开创生物学新的分类系统

卡尔·冯·林奈

人类从哪儿来

尽管有化石作为证据，但早期西方人仍然相信人类从一开始就被完美地规定了各个物种的结构和特性，并且永远不会改变。历史上有几位科学家在研究各种生物的时候，发现了一些常人难以察觉的"秘密"，他们将自己的所见所想公布于众，逐渐形成了广为人知的进化图谱。

物种进化

法国博物学家拉马克提出了进化的观念，把人们从"物种不变论"的束缚中解放出来，让人们意识到进化发生的可能性。拉马克的具体观点可以总结为以下两部分。

(1) 用进废退

拉马克认为，生物产生变异的原因在于生物本身的需要。对于身体上的某些构造而言，经常使用会促使它进化，总是不用则会导致它退化，这就是用进废退。比如长颈鹿为了吃到高处的树叶而不断伸长脖子，久而久之，长颈鹿的脖子就变长了。

(2) 获得性遗传

更重要的是，脖子变长的长颈鹿可以将长脖子的特征遗传给自己的下一代，所以长颈鹿的后代就都变成了真正的长脖子，这就是获得性遗传。

达尔文进化论

在进化论的形成过程中起关键作用的另一个人在当代更加著名,那就是英国生物学家达尔文。达尔文最杰出的贡献在于,他提出了更具说服力的进化观点,而且他的观点在后来得到了各方面的有力验证,这也是我们相信达尔文进化论的原因。达尔文的具体观点可以总结为三点。

(1) 过度繁殖

达尔文认为,地球上的生物普遍具有很强的繁殖能力,在理想环境下,繁殖能力强的生物很快就会数量过剩。

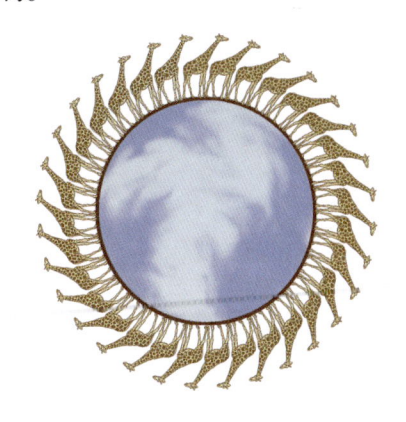

(2) 适者生存

由于繁殖过度,即使是同一种生物也必须为了抢夺有限的资源而发生斗争,在斗争过程中,那些因为环境而产生有利变异的生物将获得优势。比如长颈鹿中本来有脖子较长的,也有脖子较短的,脖子较长的长颈鹿可以吃到高处更加鲜嫩多汁的树叶,身体也更加强壮,在斗争中就更容易获胜。获胜后生存下来的长脖子长颈鹿赢得了繁殖后代的权利,而它们的后代当然也都是长脖子。这样一来,适应环境的生物生存下来,不适应者则被淘汰,这就是我们所说的适者生存。

(3) 自然选择

适者生存、不适者被淘汰,长此以往地进行下去,就是自然选择的结果。值得注意的是,"适者"的变异不一定是最好的,但一定是最适合当时环境的。

★ 科学巨人档案 ★

让·巴蒂斯特·拉马克

- **性　　别** 男
- **生 卒 年** 1744—1829 年
- **国　　籍** 法国
- **主要成就** 提出生物进化学说

让·巴蒂斯特·拉马克

人类是从这儿来的，根据进化的观点，

① 最早的生命就是简单的一个细胞，叫作单细胞生物。

② 单细胞生物逐渐演变成各种各样比较复杂的生物。随着海洋环境的复杂化，长出颌骨并开始主动捕食的生物逐渐占据了优势。鱼类是最早长出颌骨的生物。

③ 海洋中各种生物弱肉强食，竞争非常激烈，这时候长出四肢爬上陆地不失为一个妙招。于是，鱼类爬上陆地，逐渐进化成了两栖动物。

④ 两栖动物还不能完全适应陆地生活，小时候必须在水中生活，长大后也必须在水中产卵。为了更加好地适应陆地缺水的环境，不再依赖水环境的羊膜卵（就是我们常说的蛋）出现了。爬行动物凭借羊膜卵陆地孵化，脱离了水环境，它们已经完全适应了陆地生活。

⑤ 哺乳动物可以维持自己的体温，对环境的依赖性更弱。

查尔斯·罗伯特·达尔文

性　　别 男

生 卒 年 1809—1882 年

国　　籍 英国

主要成就 创立生物进化论

查尔斯·罗伯特·达尔文

⑦ 当动物开始直立行走，并且学会制造和使用工具之后，就变成了人类。现在，人类在地球上占据了绝对优势。

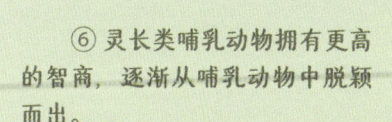

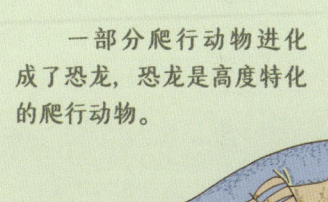

⑥ 灵长类哺乳动物拥有更高的智商，逐渐从哺乳动物中脱颖而出。

一部分爬行动物进化成了恐龙，恐龙是高度特化的爬行动物。

因为小行星撞击地球，导致几乎所有的恐龙都灭绝了，但有少数残存的小型恐龙进化成了鸟类。鸟类的羽毛源于恐龙。

如何运转一台蒸汽机

有些人认为理论应该走在实践前列，也就是说，在科技领域，应该先有科学理论，再有发明创造，但事实并非如此，甚至有很多科学理论都是基于已有的技术而得出的。我们都知道瓦特改良了蒸汽机，直接影响了人类发展的进程，带领人类步入了**蒸汽时代**。蒸汽机因此也给科学家们带去了很多灵感，让他们发现了很多科学理论。

阀门（可以控制进入汽缸的蒸汽量，防止蒸汽机运转过快或过慢。由离心调速器控制）

进气管（蒸汽从这里进入汽缸）

锅炉（加热水，产生蒸汽）

杠杆（通过杠杆作用，带动木杆和摇杆运动）

活塞（活塞运动可以带动上面的木杆运动，进而引起杠杆运动）

汽缸（蒸汽机的能量转换在这里发生）

进/出气口①（蒸汽从这里进入，活塞压下去，此时废气从进/出气口②排出）

进/出气口②（蒸汽从这里进入，将活塞顶上去，此时废气从进/出气口①排出）

冷水槽（为冷凝器提供冷水）

废气管（排出的废气从这里进入冷凝器）

冷凝器（排出冷水，使蒸汽迅速冷却液化成水）

利用蒸汽受热膨胀的原理，汽缸中的蒸汽可以推动活塞进行上下往复的运动，这时候，蒸汽中的热能就转换成了活塞运动的动能。这说明不同类型的能量是可以相互转换的，而具体多少热能可以转换为多少动能呢？

英国物理学家焦耳在做了一系列实验后得出了一个计算公式，我们后来将其称为 热功当量 。

离心调速器
（通过小球旋转的离心力，控制阀门的开合，从而控制进入汽缸的蒸汽量）

杠杆的支点

摇杆
（杠杆的运动会带动摇杆运动）

飞轮
（转动惯性很大的轮子，一开始启动会比较困难，但一旦启动，会越转越快，越转越省力）

发明
离心调速器
使蒸汽机由手动变为自动，也是瓦特对蒸汽机的重点改良之一。

水泵
（与冷凝器连通，会把冷凝器中的水和空气及时抽出来）

热水槽
（被水泵抽出的废水会来到这里，并通过管道再次返回锅炉中重复使用）

齿轮
（摇杆连接着齿轮，带动齿轮转动，进而带动飞轮转动）

热力学定律

1847年，德国物理学家亥姆霍兹提出一条理论：自然作为一个整体，拥有的能量不可能增加，也不可能减少。将这条理论与热功当量结合之后，就组成了著名的热力学第一定律。热量可以从一个物体传递到另一个物体上，也可以与其他能量相互转换，但在转换的过程中，能量的总值是不会变的，也就是我们熟知的能量守恒定律。

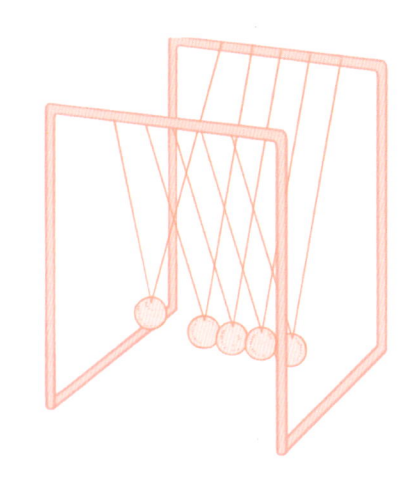

能量守恒定律使制造出永远不停歇的永动机成为不可能。

在蒸汽机中，充满热量的蒸汽进入冷凝器后会迅速变冷，甚至冷却凝结成液体。实验证明，热不能自己从一个温度较低的物体转移到一个温度较高的物体，这就是著名的热力学第二定律。

★ 科学巨人档案 ★

詹姆斯·瓦特

- 性　　别　男
- 生 卒 年　1736—1819年
- 国　　籍　英国
- 主要成就　改良蒸汽机

詹姆斯·普雷斯科特·焦耳

性　　别 ▶ 男
生 卒 年 ▶ 1818—1889 年
国　　籍 ▶ 英国
主要成就 ▶ 提出热力学第一定律

詹姆斯·普雷斯科特·焦耳

鲁道夫·克劳修斯

性　　别 ▶ 男
生 卒 年 ▶ 1822—1888 年
国　　籍 ▶ 德国
主要成就 ▶ 提出热力学第二定律

鲁道夫·克劳修斯

最早的火车和轮船

瓦特改良蒸汽机之后，很多人看准了蒸汽机的潜力，想了各种办法把蒸汽机安装在各种工具上，更重要的是，他们成功了！利用蒸汽机做动力的发明，最著名的有两个：火车和轮船。虽然也有人试着制造出蒸汽汽车，但是因为过于笨重且太难操作，最终没有普及。

煤水车：装载着煤、水、油和各种工具的车厢。

车厢：乘客乘坐的地方。

车架：将机车的各个部分连接在一起，组成完整的机车。

走行部：保证机车沿着铁轨顺利前行。

虽然铁轨早在蒸汽机车诞生之前就有了，但史蒂芬森建造了世界上第一条公共铁路。

第一辆火车

第一部蒸汽机车是诞生于 1814 年的"布拉策"号，由英国人斯蒂芬森发明。1825 年，斯蒂芬森和别人合作，设计并制造了第二部蒸汽机车"旅行者"号，他在车厢下面安装了减震的弹簧，还改良了铁轨等。"旅行者"号取得巨大的成功，正式向全世界宣告了火车时代的到来。1829 年，斯蒂芬森和他的儿子发明了一种新型锅炉，用在了著名的"火箭号"蒸汽机车上，其最高速度可以达到每小时 47 千米。

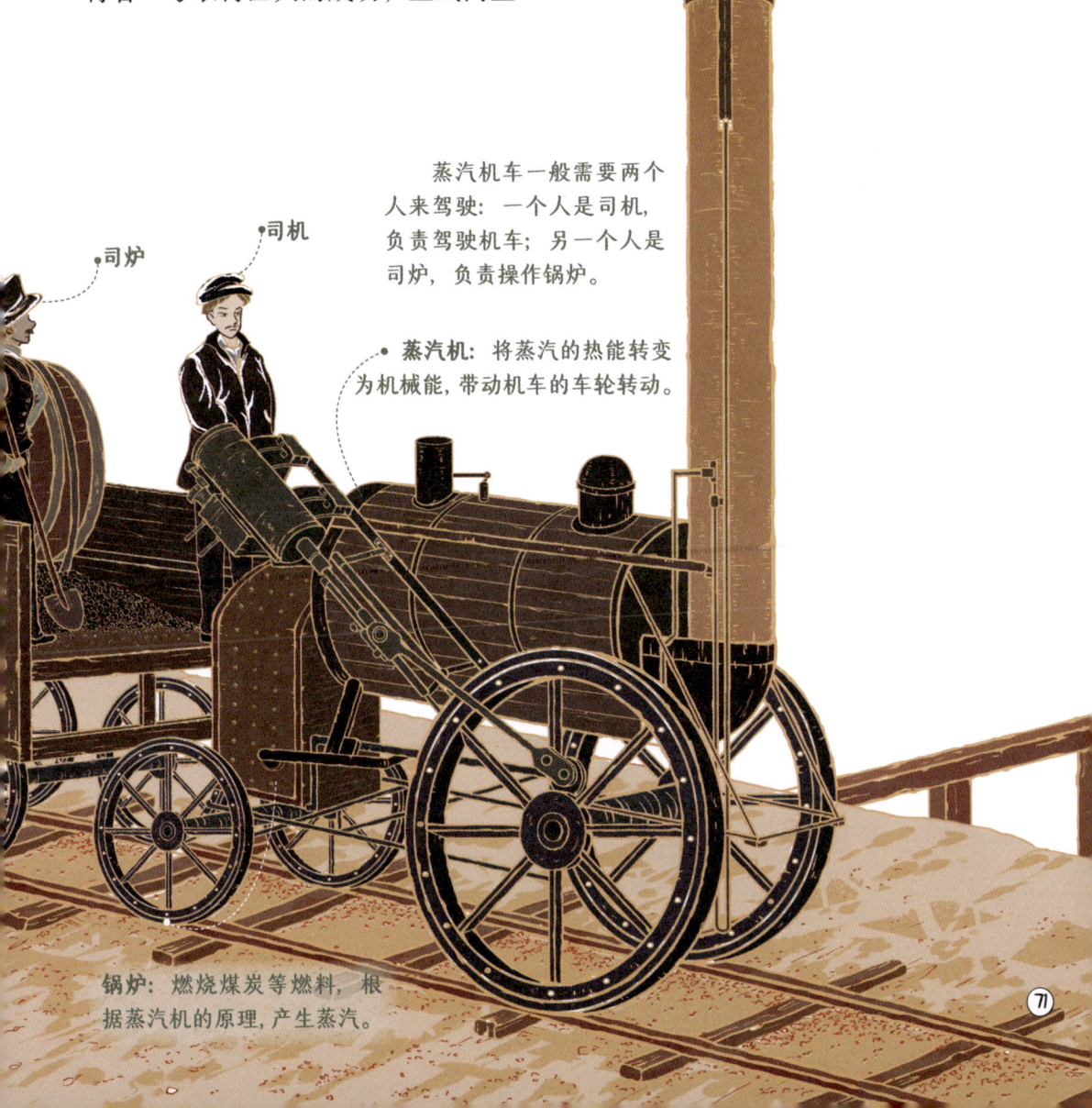

蒸汽机车一般需要两个人来驾驶：一个人是司机，负责驾驶机车；另一个人是司炉，负责操作锅炉。

司炉

司机

蒸汽机：将蒸汽的热能转变为机械能，带动机车的车轮转动。

锅炉：燃烧煤炭等燃料，根据蒸汽机的原理，产生蒸汽。

第一艘轮船

在瓦特改良蒸汽机之前,船主要依靠风力和人力才能前行,所以那时候的船大多是帆船。最早由美国人富尔顿发明了蒸汽轮船,但是因为那艘船破坏了堤岸而遭到人们的反对。

1802年,美国人富尔顿建造了自己的第一艘蒸汽轮船。船上的主要部位安装着巨大的蒸汽锅炉,看起来十分笨重,被人们嘲笑为"富尔顿的蠢物"。这艘船最终试航失败了,不过富尔顿并没有气馁。

"克莱蒙特号"的速度是每小时6.4千米。

船帆:船帆张开时,可以利用风力让船前进。最早的蒸汽轮船还没有去掉船帆。

明轮:明轮可以利用蒸汽机提供的能量旋转,旋转时,明轮上的叶片会将水往后拨,利用水的反作用力前行。轮船的名称也源于此。

我觉得这家伙的缺点可不止笨重,咳咳……

★ 科学巨人档案 ★

乔治·斯蒂芬森

性　别 ▶ 男　　　国　籍 ▶ 英国

生卒年 ▶ 1781—1848年　主要成就 ▶ 发明蒸汽机车

乔治·斯蒂芬森

罗伯特·富尔顿

性　别 ▶ 男　　　国　籍 ▶ 美国

生卒年 ▶ 1765—1815年　主要成就 ▶ 发明蒸汽轮船

罗伯特·富尔顿

明轮也有自己的缺点，在遇到风浪的时候会部分或全部露出水面，船舶就无法稳定航行了，而且明轮的叶片很容易坏。多年以后，人们又发明了螺旋桨。

1807年，富尔顿建造了自己的第二艘蒸汽轮船，叫作"克莱蒙特"号，也就是下面看到的这艘。富尔顿为"克莱蒙特"号安装了当时最好的蒸汽机，"克莱蒙特"号最终在哈德逊河试航成功，宣布了船舶发展进入一个崭新的时代。

蒸汽汽车的出现比火车和轮船都要早，它是法国人尼古拉·约瑟夫·居纽在1769年发明的。这辆三轮蒸汽汽车的名字叫"卡布奥雷"。

汽车
发明改良史

虽然有人早在 1769 年就发明了以蒸汽做动力的汽车,但每次开车都要非常用力地转动操纵杆,才能起动那个大锅炉车头,最终这辆车因转动不及时而撞到了墙上。它当然可以被看作汽车的先驱,但也可以被看作汽车历史上的小插曲。现代汽车的起点源自以汽油和柴油为燃料的内燃机。

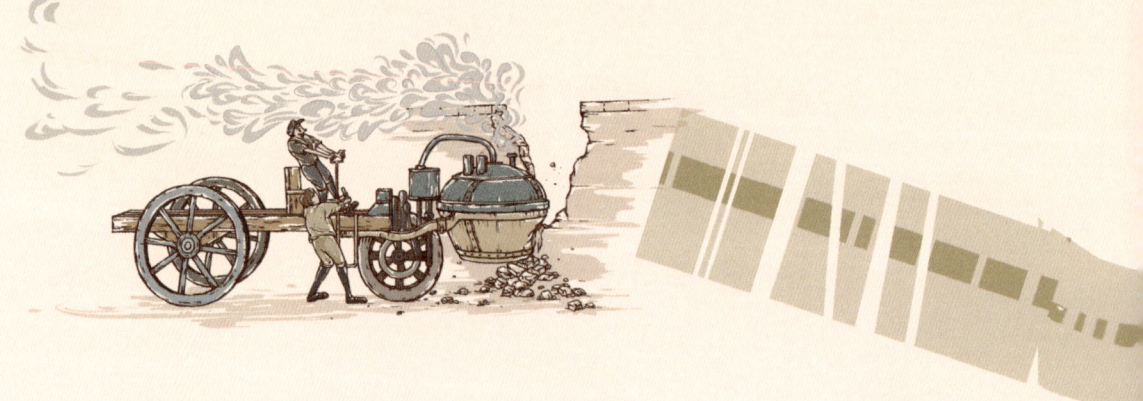

1886 年,德国发明家本茨将奥托的内燃机安装在一辆三轮车上,制成了世界上第一辆汽车——一辆三轮汽车。

几年后,本茨成立了自己的汽车公司,中文名翻译为"奔驰"。

在本茨发明三轮汽车几个月后,戴姆勒将自己研制的发动机安装在为妻子购置的四轮马车上,发明了世界上第一辆四轮汽车。

后来,戴姆勒也成立了自己的汽车公司。

1859 年，法国发明家艾蒂安·勒努瓦发明了第一台实用的内燃机。然而，勒努瓦的内燃机燃料消耗很大，要说真正在汽车上使用的内燃机，还是经过奥托改良的版本。1876 年，奥托改良勒努瓦的内燃机后得到的是一部四冲程内燃机，这种内燃机是现在绝大部分汽车的动力来源，它的运作方式可以分为四步，见右图。

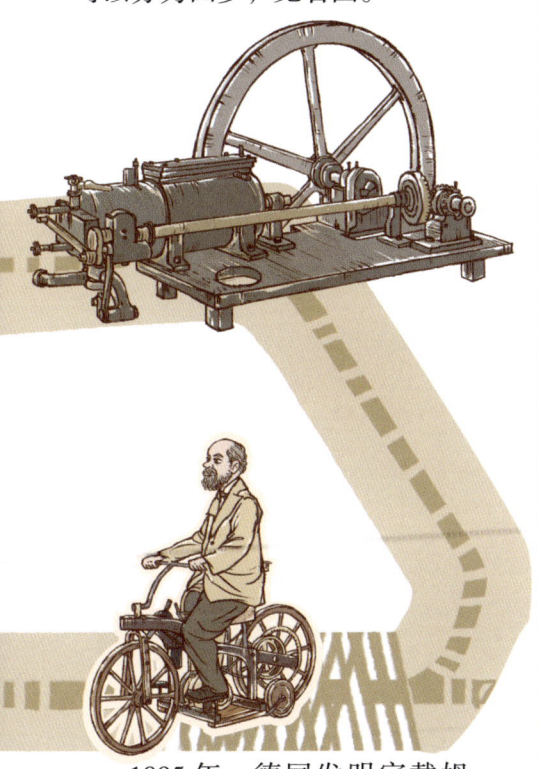

1885 年，德国发明家戴姆勒改进了奥托的内燃机，并将其制成发动机，安装在一辆木制双轮车上，取名为骑式双轮车，这便是世界上第一辆摩托车。

① 进气冲程

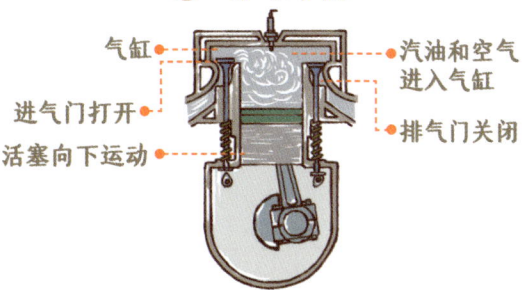

- 气缸
- 进气门打开
- 活塞向下运动
- 汽油和空气进入气缸
- 排气门关闭

② 压缩冲程

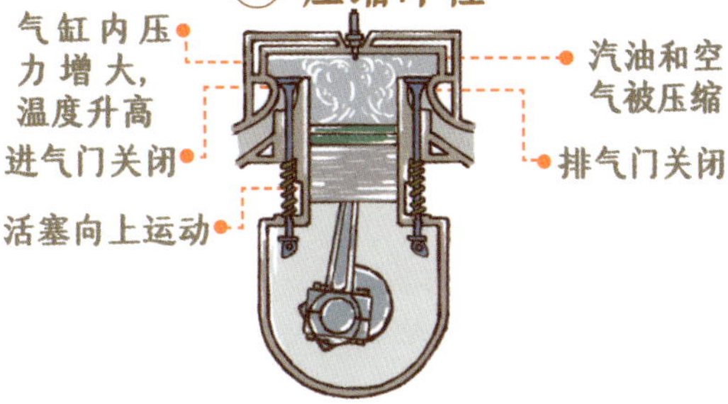

- 气缸内压力增大，温度升高
- 进气门关闭
- 活塞向上运动
- 汽油和空气被压缩
- 排气门关闭

③ 做功冲程

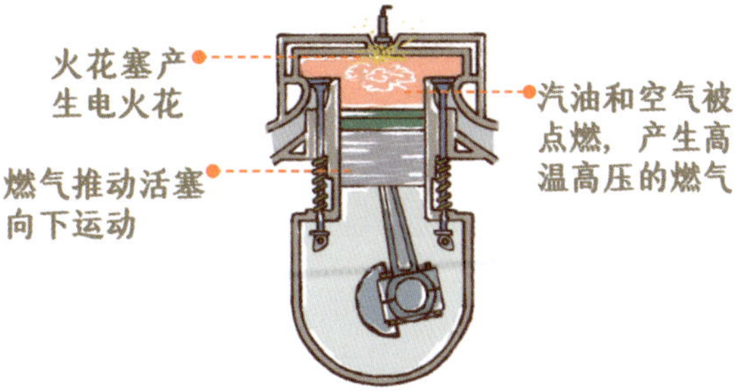

- 火花塞产生电火花
- 燃气推动活塞向下运动
- 汽油和空气被点燃，产生高温高压的燃气

④ 排气冲程

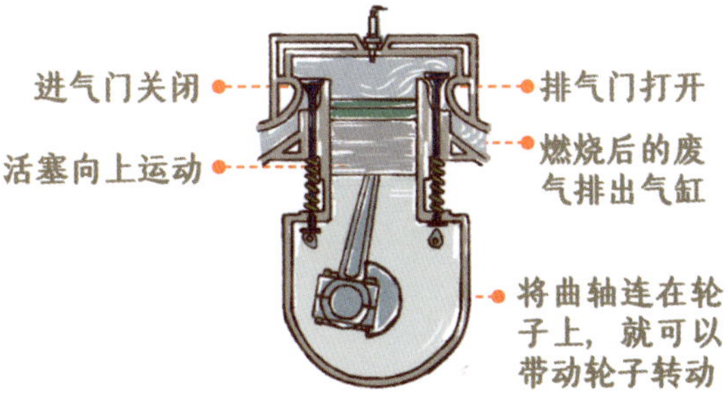

- 进气门关闭
- 活塞向上运动
- 排气门打开
- 燃烧后的废气排出气缸
- 将曲轴连在轮子上，就可以带动轮子转动

戴姆勒和本茨各自独立发明了汽车，所以我们将二人都视为汽车的发明者。1926年，戴姆勒公司和奔驰公司合并，成立了著名的戴姆勒－奔驰汽车公司，公司生产的汽车全都命名为"梅赛德斯－奔驰"。

其实，真正把汽车推广到民众中的另有其人，他就是美国发明家福特。福特拥有自己的福特汽车公司，他引入<u>流水线</u>的生产模式来制造汽车，这使汽车得以批量生产，而且也降低了制造成本。1908年，福特汽车公司推出了价格低廉的福特T型车，真正将汽车带入普通大众的日常生活。

★ 科学巨人档案 ★

尼考罗斯·奥古斯特·奥托

- **性　　别** 男
- **生 卒 年** 1832—1891年
- **国　　籍** 德国
- **主要成就** 改良内燃机

尼考罗斯·奥古斯特·奥托

卡尔·弗里德里希·本茨

- 性　　别 ▶ 男
- 生 卒 年 ▶ 1844—1929 年
- 国　　籍 ▶ 德国
- 主要成就 ▶ 发明汽车

卡尔·弗里德里希·本茨

戈特利布·戴姆勒

- 性　　别 ▶ 男
- 生 卒 年 ▶ 1834—1900 年
- 国　　籍 ▶ 德国
- 主要成就 ▶ 发明摩托车和汽车

戈特利布·戴姆勒

亨利·福特

- 性　　别 ▶ 男
- 生 卒 年 ▶ 1863—1947 年
- 国　　籍 ▶ 美国
- 主要成就 ▶ 改变汽车生产方式

亨利·福特

飞机

翱翔天空的秘密

> 人们驾驶汽车在陆地上驰骋，同时也仰望着在天空中自由飞翔的鸟儿。不知道从何时开始，人类也渴望能够飞翔。在人们对此还无计可施的时候，他们发明了各种可以飞上天的物件，比如风筝，而当人们了解了空气的秘密之后，在天空中翱翔就不再只是一个梦想了。

一开始，人们采取的策略是滑翔，这个设想最早出现在15世纪的艺术家达·芬奇的画稿中，直到1891年，德国工程师李林塔尔发明了实用的滑翔机。

李林塔尔制造的滑翔机需要通过移动飞行员的身体来改变重心，从而操纵飞行。这给他的研究带来了巨大的局限性，并且他一生都没能打破。

美国的莱特兄弟从前人有关滑翔机的研究中总结了经验和教训，他们自制滑翔机并进行了上千次实验，最终制造出可操控飞行的"飞行者一号"，这也是人类历史上第一架真正意义上的飞机。

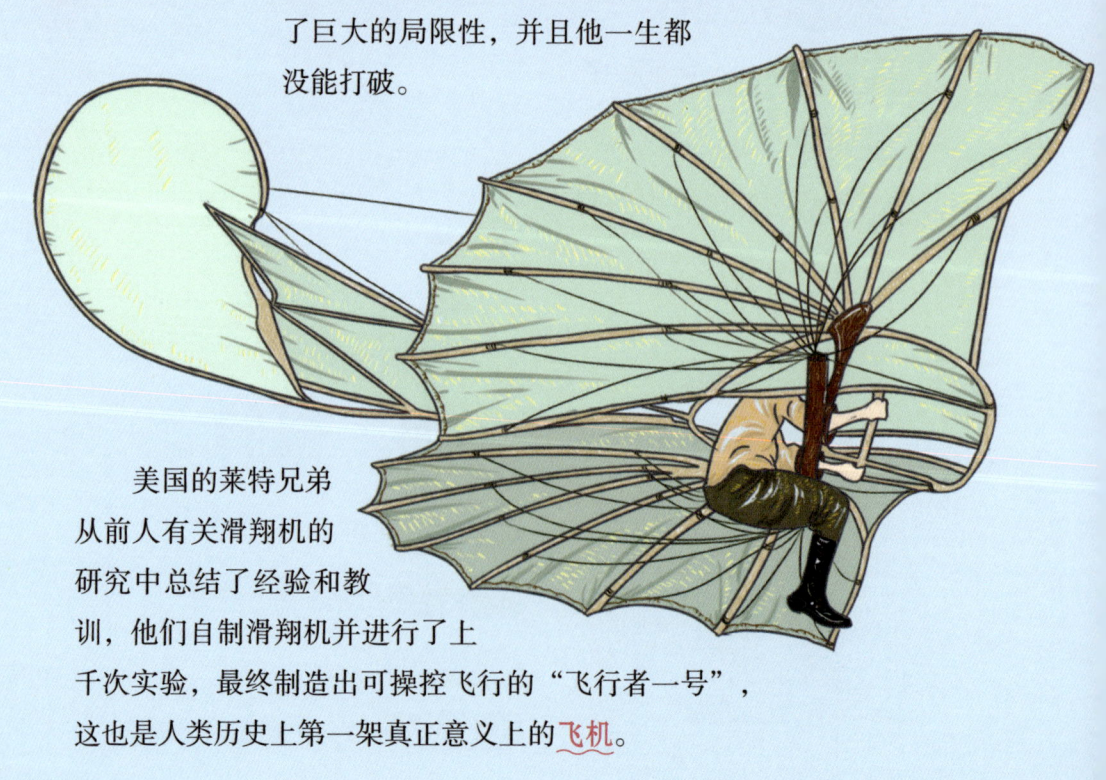

飞机为什么能够飞行？

我们不妨先来做一个实验：拿出两张纸，竖着放在嘴巴前面，往两张纸中间用力吹气，注意观察，两张纸不仅没有被吹到两边，反而相互靠近了对不对？这就是飞机飞行的原理，我们称之为 伯努利原理，其所阐述的内容是，在水流或气流里，如果水流或气流的流动速度小，压强就大，如果流动速度大，压强就小。

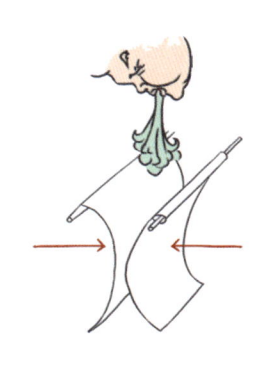

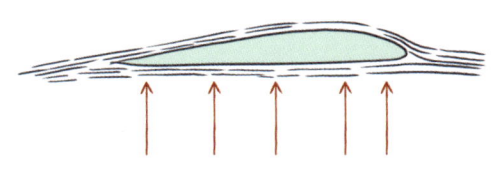

当我们在两张纸中间吹气时，中间的气流速度就大，压强就小，而纸张外面的空气没有流动，压强就大。所以并不是我们把两张纸吹到了一起，而是外面的空气把两张纸压在了一起。

飞机的飞行也利用了伯努利原理，这点体现在机翼上。现代飞机的机翼上下是不一样的，这样就会使机翼上方的空气流动速度比下方的快，而我们知道，流速越快，压强越小，所以机翼下方的空气压强要大于上方压强，这样一来，下方的空气就会把飞机"抬"起来。

热气球为什么能飞上天空？

早在飞机诞生前，法国的蒙戈尔费埃兄弟发明了另外一种可以带着人们飞上天空的仪器，叫作热气球。载人热气球最早诞生于1783年，比飞机早了整整120年。

热气球的原理非常简单，并且在生活中很常见。我们经常能看到冒着热气的饭菜，那你有没有想过，热气为什么往上冒，而不是往下钻呢？这是因为物理界有个 热胀冷缩 的原理。空气受热时就会膨胀，膨胀之后体积变大，与同等体积的冷空气相比会更轻，所以会向上升起。热气球就是利用空气受热后膨胀上升的原理飞上天空的。

升降舵（可以控制飞机在空中的升降。现代飞机的升降舵一般与方向舵一起构成飞机的尾翼）

★ 科学巨人档案 ★

奥托·李林塔尔

奥托·李林塔尔

- 性　　别 ▶ 男
- 生 卒 年 ▶ 1848—1896 年
- 国　　籍 ▶ 德国
- 主要成就 ▶ 发明滑翔机

莱特兄弟

莱特兄弟

- 性　　别 ▶ 男
- 生 卒 年 ▶ 1867—1912 年 & 1871—1948 年
- 国　　籍 ▶ 美国
- 主要成就 ▶ 发明飞机

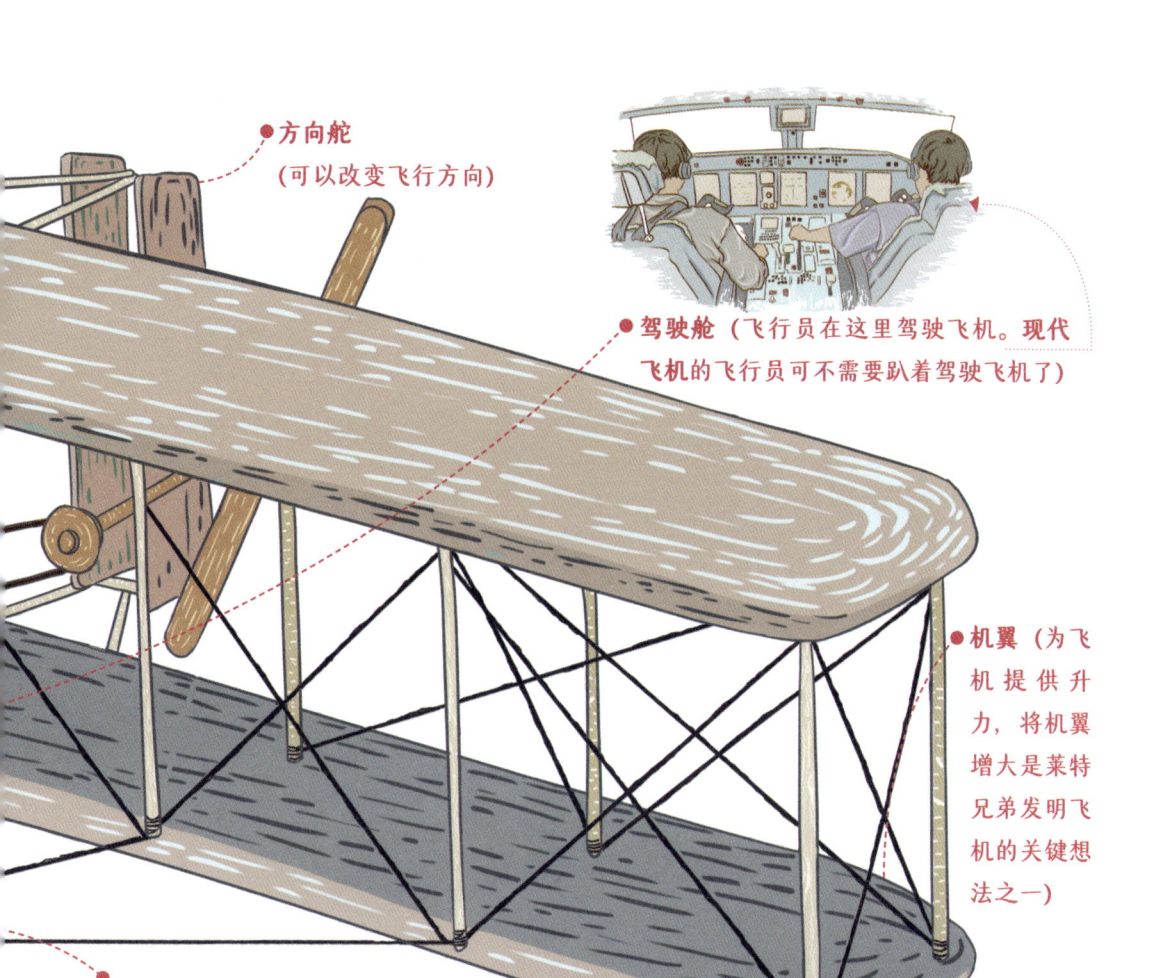

• **方向舵**（可以改变飞行方向）

• **驾驶舱**（飞行员在这里驾驶飞机。现代飞机的飞行员可不需要趴着驾驶飞机了）

• **机翼**（为飞机提供升力，将机翼增大是莱特兄弟发明飞机的关键想法之一）

起落架（飞机起飞和降落时用来支撑和停放的装置。现代飞机的起落架带有轮子，轮子是可收放的，放下时用于在机场跑道滑翔。在飞行时收起轮子，可以减少空气阻力）

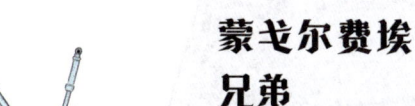

滑翔时的起落架

收起时的起落架

蒙戈尔费埃兄弟

蒙戈尔费埃兄弟

性 别	男
生 卒 年	1740—1810 年 & 1745—1799 年
国 籍	法国
主要成就	发明热气球

81

奇妙的微观世界

你有没有想过，在我们生活的世界中，也许存在着传说故事中提到的微小的生命？虽然不及传说故事离奇，但负责任地说，世界上确实存在着"小人国"。只不过那些"小人"比我们想象中的还要小得多，甚至小到人们用肉眼无法观测的地步，这些"小人"就是微生物。那么人们是如何发现肉眼看不到的生命的呢？

列文虎克与显微镜

　　由于无法用肉眼观测到，所以观察到这一切在显微镜被发明以前都是不可能发生的天方夜谭。列文虎克虽然不是显微镜的发明者，但他在中年之后，就开始利用工作闲暇磨透镜。凭借着自己的勤奋和独特的才干，列文虎克最终制造出了当时最好的能将物体放大将近300倍的显微镜，成为17世纪最杰出的显微镜专家。

拥有了工具之后，列文虎克就开启了自己的观察之旅。与我们印象中的科学家不同，列文虎克没有立即去观察动物和植物，而是观察自己的日常生活，比如说，他经常拿起显微镜对着光、水滴进行观察。

终于，列文虎克观察到了比传说故事中更小的"小人国"成员。有多小呢？列文虎克曾这样形容："……它们小得不可思议，如此之小……即使把一百个这些小动物撑开摆在一起，也不会超过一颗粗沙子的长度……"

那时候的人们还不知道这一切有多伟大，直到微观世界的大门被完全打开，人们才恍然大悟，原来列文虎克的发明如此重要。

目镜（用眼睛进行观察，有放大作用）

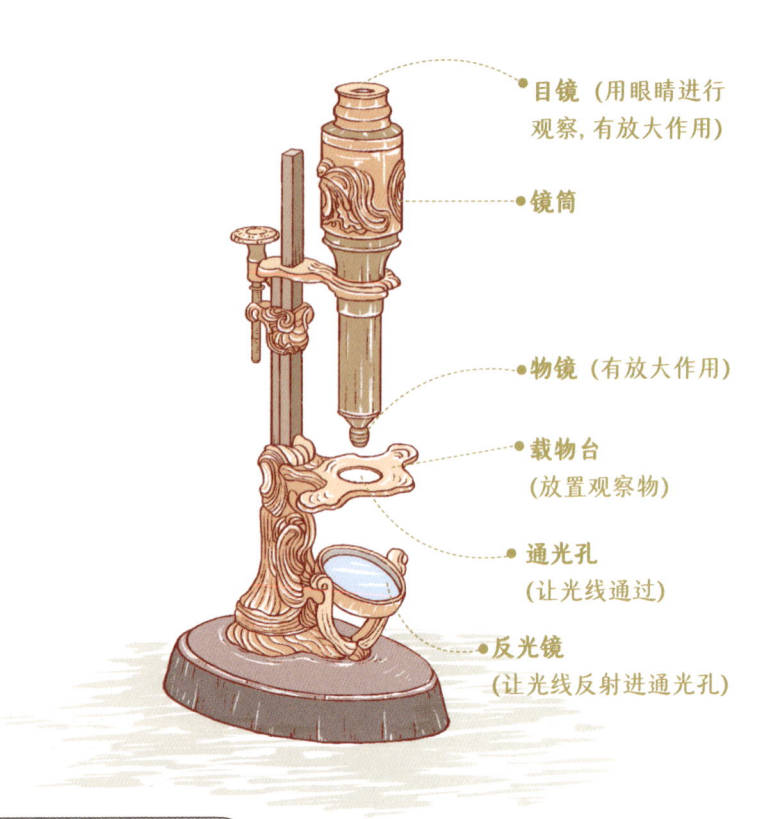

镜筒

物镜（有放大作用）

载物台（放置观察物）

通光孔（让光线通过）

反光镜（让光线反射进通光孔）

什么是显微镜？

　　显微镜是由一个透镜或几个透镜组合在一起制成的光学仪器，可以将微小的物体放大成百上千倍，方便人们观测肉眼看不到的微观世界。

　　最早的显微镜出现在 16 世纪末期，由荷兰眼镜商人制造，可惜的是人们没有用它做过任何重要观察。真正让显微镜发挥功效的人有两个：一个是意大利科学家伽利略，他用显微镜观察了昆虫的复眼；另一个就是荷兰科学家列文虎克，他不仅自制显微镜，还首次观测到了各种各样的微生物。

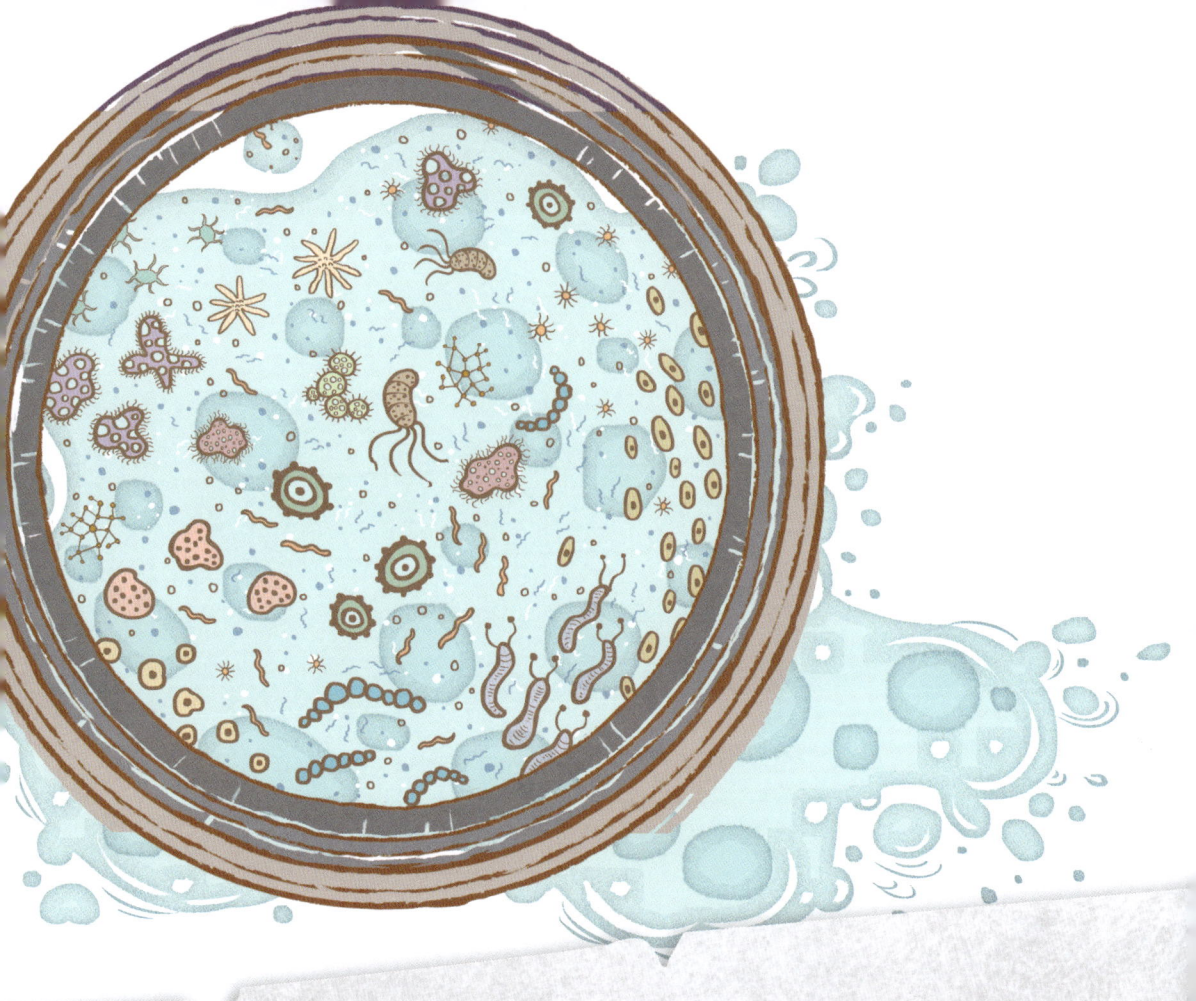

★ 科学巨人档案 ★

安东尼·列文虎克

- **性　　别** 男
- **生 卒 年** 1632—1723 年
- **国　　籍** 荷兰
- **主要成就** 发现微生物和精子

身体里的细胞们

> 早在列文虎克踏入微观世界的大门之前，就有人首先发现了存在于生物体内的细胞。经过一个多世纪的研究，直到1839年，科学家们才终于发现了细胞的秘密，创建了细胞学说。

细胞学说认为，一切动植物都是由细胞发育而来，并且由细胞构成。这也就意味着，不论是人类还是动物，抑或是植物、细菌，全部都是由细胞发育形成的。

我们都知道细胞小到肉眼看不到，对于像我们人类这样的"庞然大物"，到底得有多少个细胞才足够呢？答案是40万亿~60万亿个，这些细胞就像一座座坚固的小房子，共同"建造"出了我们的身体。

原核细胞

纤毛（扫除细胞表面的杂质）

细胞壁（保护细胞）

鞭毛（运动、摄食等）

核糖体（为细胞合成蛋白质）

拟核（原核细胞的核心区域，内部含有遗传物质）

细胞质（细胞膜包裹范围内，除去拟核之外的所有物质的总称）

细胞膜（防止外界无用的物质进入细胞，让有用的物质进入细胞，并将废物排出去，是细胞与外界的桥梁。对于没有细胞壁的细胞来说，细胞膜也起到很重要的保护作用）

值得庆幸的是，所有细胞在结构和组成上基本相似，这至少给我们提供了一个大致的框架，方便我们认识细胞。

主要的细胞结构有细胞核、细胞质和细胞膜三部分。但有的细胞没有细胞核，我们可以据此将细胞分为两大类：原核细胞和真核细胞。

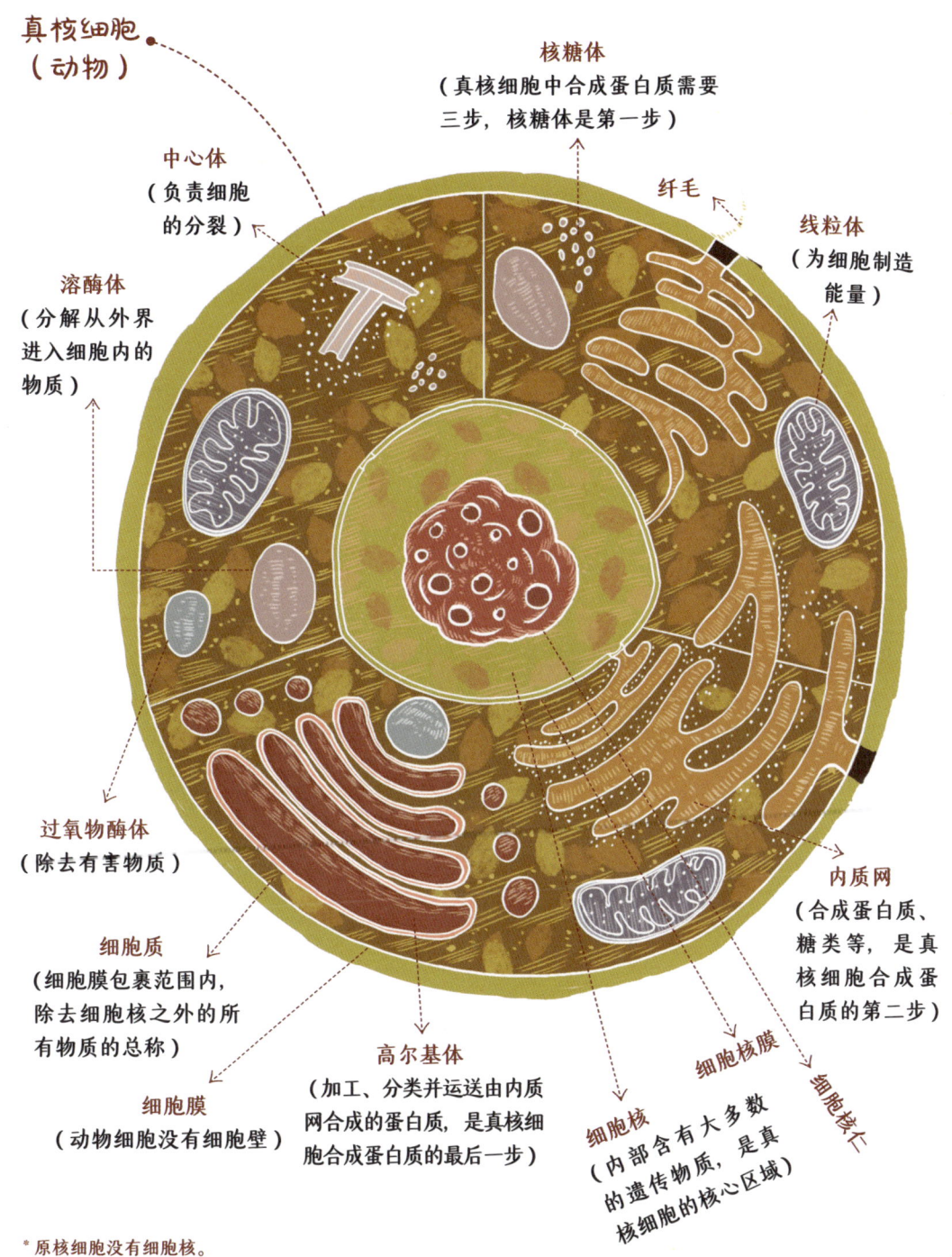

真核细胞（动物）

核糖体
（真核细胞中合成蛋白质需要三步，核糖体是第一步）

中心体
（负责细胞的分裂）

纤毛

线粒体
（为细胞制造能量）

溶酶体
（分解从外界进入细胞内的物质）

过氧物酶体
（除去有害物质）

内质网
（合成蛋白质、糖类等，是真核细胞合成蛋白质的第二步）

细胞质
（细胞膜包裹范围内，除去细胞核之外的所有物质的总称）

细胞膜
（动物细胞没有细胞壁）

高尔基体
（加工、分类并运送由内质网合成的蛋白质，是真核细胞合成蛋白质的最后一步）

细胞核
（内部含有大多数的遗传物质，是真核细胞的核心区域）

细胞核膜

细胞核仁

*原核细胞没有细胞核。

既然生物体是由细胞构成的,理所应当地,不同细胞的不同功能也直接反映在生物体上。

就像植物和动物的区别,植物不用吃饭,动物可一顿都不能少,动物要靠呼吸维持生命,但植物没有鼻孔,难道不用呼吸吗?这些秘密其实全都隐藏在细胞中。

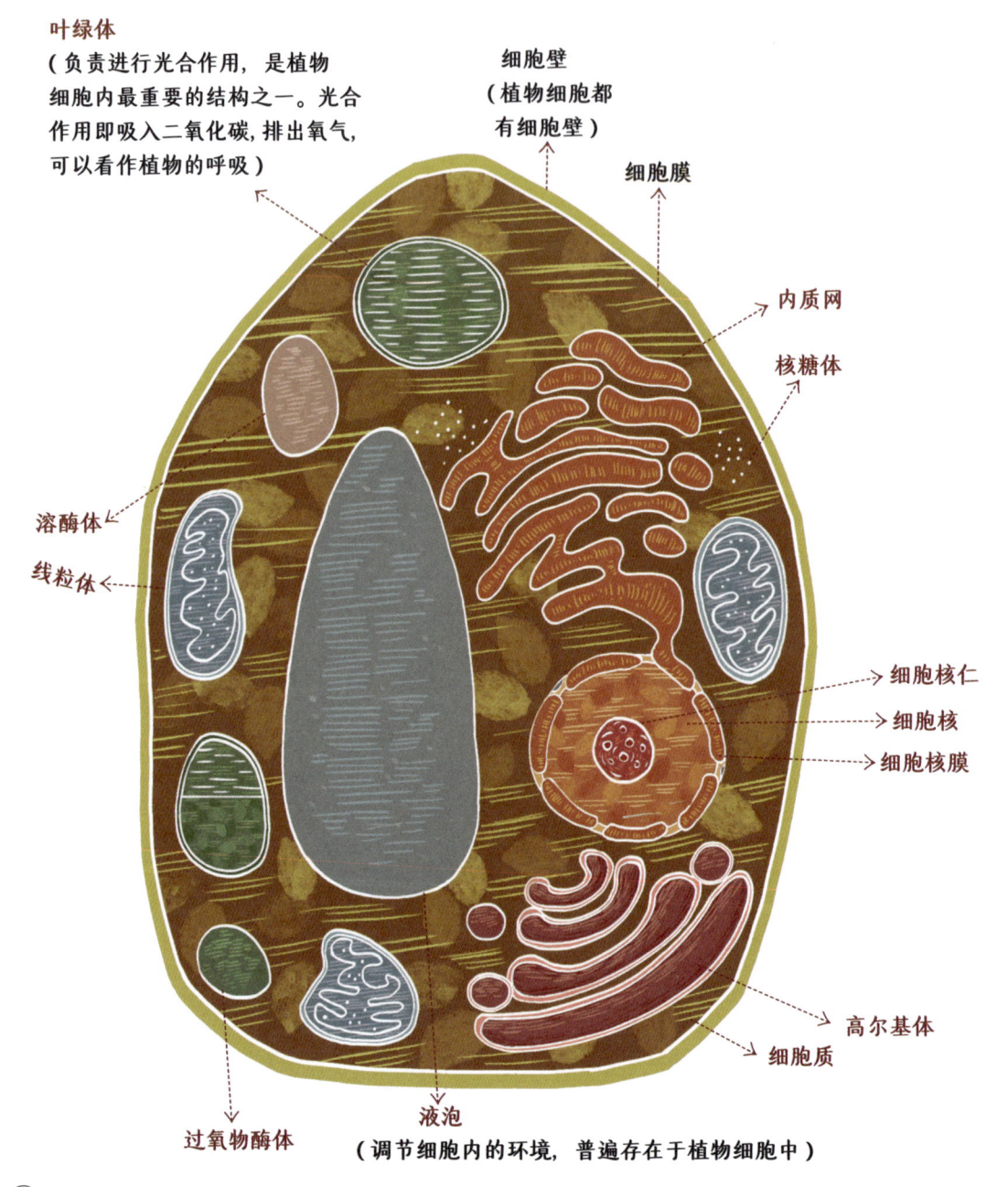

叶绿体
(负责进行光合作用,是植物细胞内最重要的结构之一。光合作用即吸入二氧化碳,排出氧气,可以看作植物的呼吸)

细胞壁
(植物细胞都有细胞壁)

细胞膜

内质网

核糖体

溶酶体

线粒体

细胞核仁

细胞核

细胞核膜

高尔基体

细胞质

过氧物酶体

液泡
(调节细胞内的环境,普遍存在于植物细胞中)

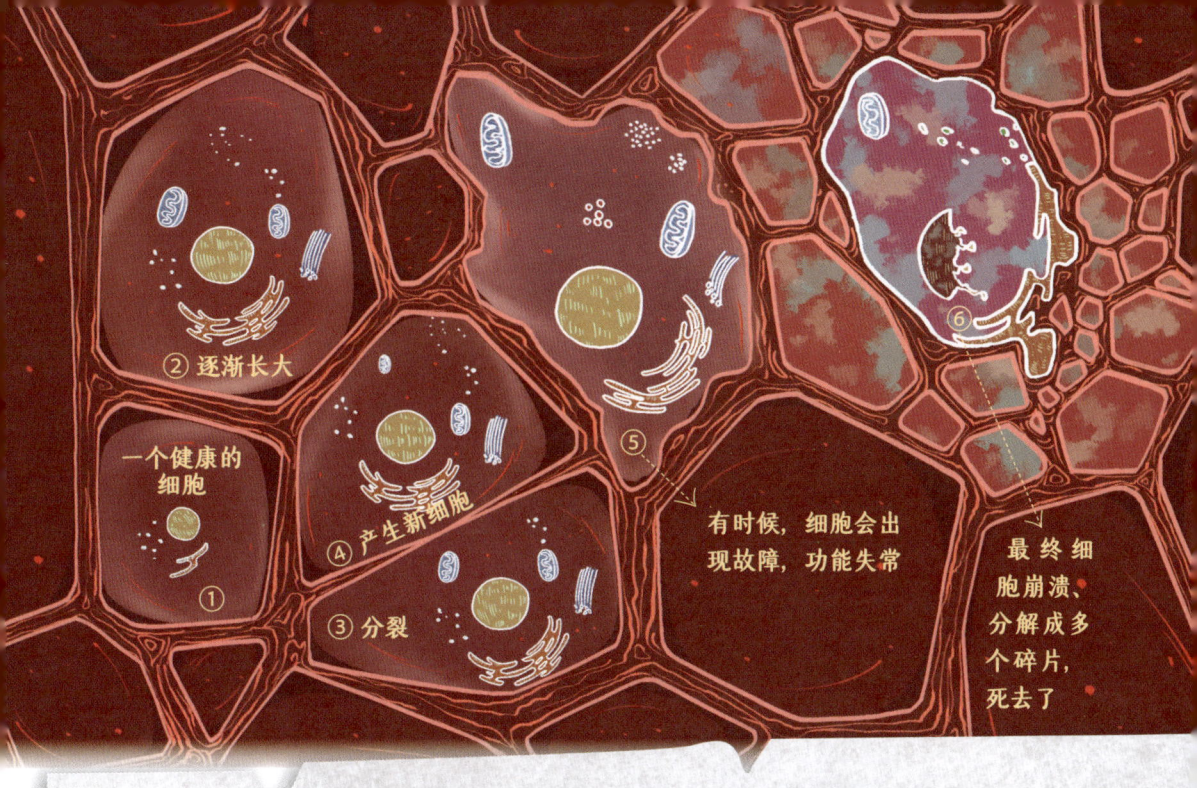

① 一个健康的细胞
② 逐渐长大
③ 分裂
④ 产生新细胞
⑤ 有时候，细胞会出现故障，功能失常
⑥ 最终细胞崩溃、分解成多个碎片，死去了

★ 科学巨人档案 ★

施旺

性　别	男
生卒年	1810—1882 年
国　籍	德国
主要成就	与施莱登共同创立细胞学说

施旺

施莱登

性　别	男
生卒年	1804—1881 年
国　籍	德国
主要成就	与施旺共同创立细胞学说

施莱登

生命从受精卵开始

你有没有好奇过你是从哪里来的？如何诞生？如何长大？这一次我们就来解答这些问题。还记得细胞学说吗？细胞学说认为细胞是生物的基本结构和功能单位，一切动植物都是由细胞发育而来的——人类也不例外。最初的细胞和普通的细胞不同，它甚至有自己独特的名字，叫作受精卵。

受精卵虽然是一个细胞，但其实它是由两个生殖细胞结合而成的，分别是精子和卵细胞。

精子是来源于雄性的生殖细胞，分为动物精子和植物精子。一般来说，精子的结构可以分为三部分：头、颈、尾。

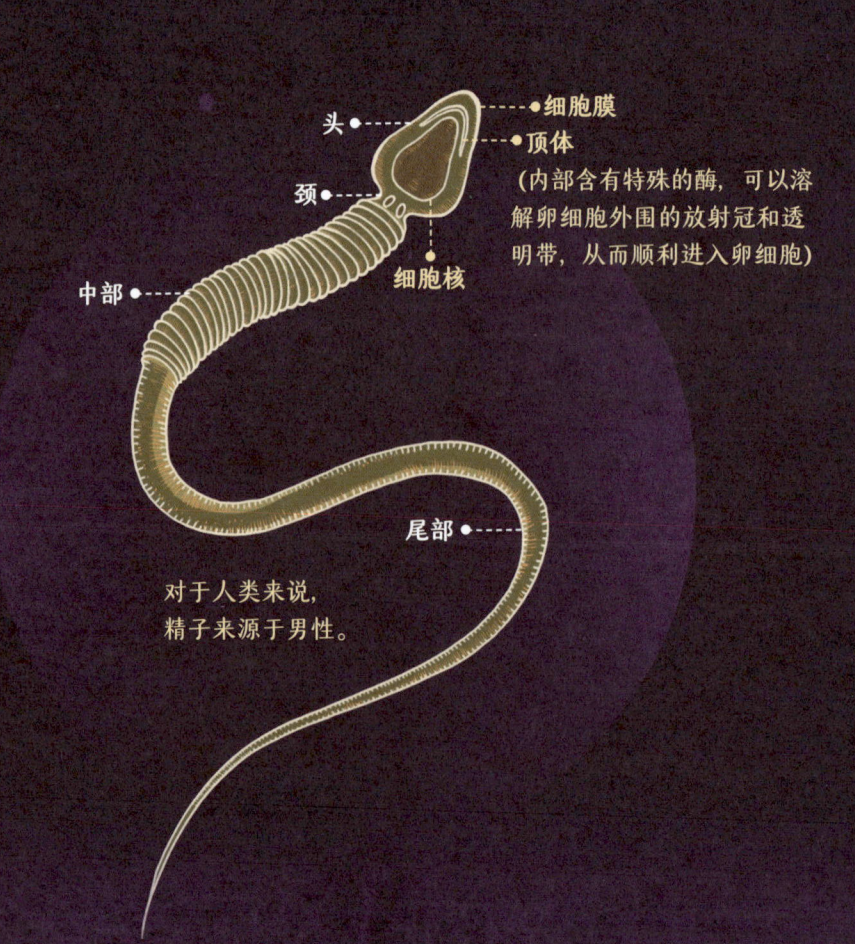

头 • 细胞膜
颈 • 顶体
（内部含有特殊的酶，可以溶解卵细胞外围的放射冠和透明带，从而顺利进入卵细胞）
中部 • 细胞核
尾部 •

对于人类来说，精子来源于男性。

卵细胞是来源于雌性的生殖细胞，动物和部分植物会产出卵细胞。

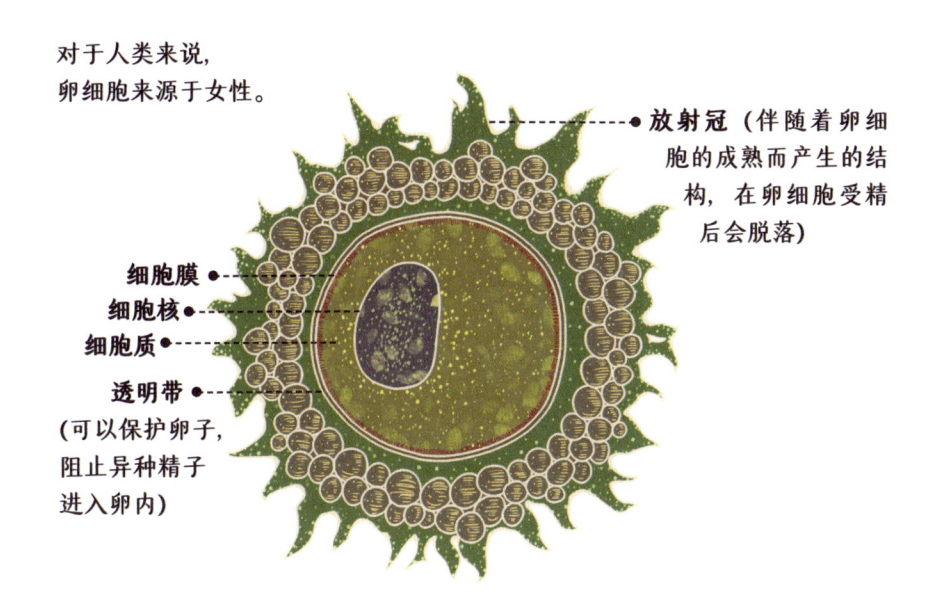

对于人类来说，卵细胞来源于女性。

放射冠（伴随着卵细胞的成熟而产生的结构，在卵细胞受精后会脱落）

细胞膜
细胞核
细胞质
透明带（可以保护卵子，阻止异种精子进入卵内）

当精子进入卵细胞，精子的细胞核与卵细胞的细胞核融合之后，这个卵细胞就受精了，变成了受精卵。

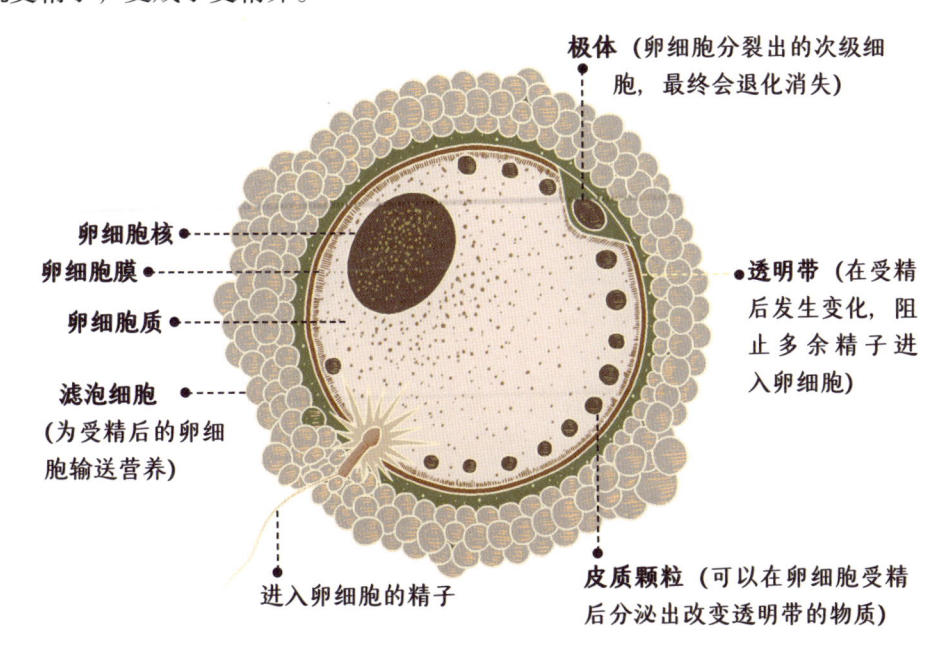

极体（卵细胞分裂出的次级细胞，最终会退化消失）

卵细胞核
卵细胞膜
卵细胞质
滤泡细胞（为受精后的卵细胞输送营养）

透明带（在受精后发生变化，阻止多余精子进入卵细胞）

进入卵细胞的精子

皮质颗粒（可以在卵细胞受精后分泌出改变透明带的物质）

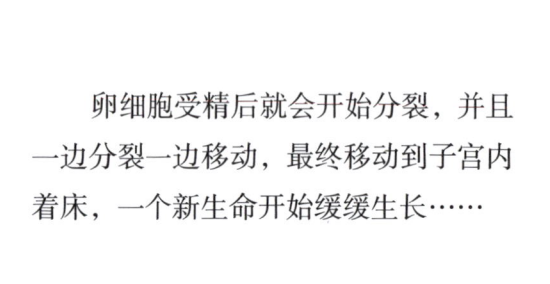

卵细胞受精后就会开始分裂，并且一边分裂一边移动，最终移动到子宫内着床，一个新生命开始缓缓生长……

六个月后，胎儿可以自由地移动身体的位置。

七个月后，胎儿可以感受到光线，可以听到声音。

八个月后，胎儿开始出现意

一般来说，受精后一周受精卵就会着床，这时候受精卵已经发育成了几百个细胞。

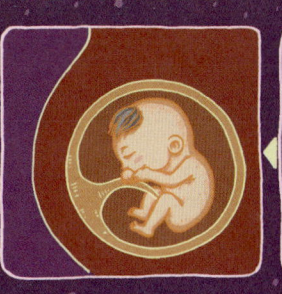

五个月后,胎儿开始长头发和指甲。

四个月后,胎儿的五官已经完全成形。

三个月后,胎儿的四肢逐渐成形。

十个月后,胎儿出生,新生命就这样诞生了!

两个月后,胎儿体内的器官开始形成。

九个月后,胎儿可以做出表情了。

两周后形成胚胎。

一个月后,胎儿长到了1厘米的大小,形状就像一只小海马。

神奇的遗传基因

生命从受精卵发育而来，并且在一开始就决定好了性状。也就是说，在你还是一颗小小的受精卵的时候，你未来会长成什么样子就已经确定好了，因为这些信息都遗传自你的父母，而遗传又遵循一定的规律。美国科学家摩尔根和奥地利科学家孟德尔就发现了这种规律。

小果蝇，大发现

摩尔根的发现主要来源于长期的果蝇杂交实验，1909年，摩尔根专门成立了以果蝇为实验材料的研究室。他的研究室非常简单，除了几张旧桌子，就是培养了千万只果蝇的几千个牛奶罐。摩尔根发现了基因和染色体的关系，创立了基因学说，并且发现了遗传学的第三定律——基因连锁与互换定律。

生物的繁衍和进化都离不开遗传信息的传递，遗传信息决定了后代的性状。遗传信息存在于 DNA（脱氧核糖核酸）中，DNA 存在于染色体中，染色体存在于细胞核中。带有遗传信息的 DNA 就是<u>基因</u>，我们可以简单地理解为，基因就是遗传信息。

实际上，基因经常是成对存在的（所以我们在表示基因时总是用两个字母，比如 Aa）。在生殖细胞（比如精子和卵细胞）形成的过程中，位于同一个染色体中的基因甚至是连锁在一起的，而在生殖细胞形成时，存在于同一个染色体中的不同的成对基因之间可以发生交换，这叫作<u>基因连锁与互换定律</u>。该定律是遗传学的三大定律之一，利用这个规律，将有利的连锁基因组合在一起，以及打破不利的基因连锁，都可以帮助我们培育出更加优良的植物和动物。

摩尔根凭借发现了染色体在遗传中的作用而获得了诺贝尔奖。

细胞核　　染色体　　DNA

矮（不易倒伏）但易生病的大麦

经过基因的重组

高（易倒伏）但不易生病的大麦 × 培育出矮（不易倒伏）且不易生病的大麦

遗传学定律

遗传学有三大定律，除了摩尔根发现的基因的连锁与互换定律，还有孟德尔发现的基因分离定律和自由组合定律。孟德尔的发现源于他长达八年的豌豆杂交实验。在实验过程中，他把重心放在探究遗传规律上，并且最终得出了分离定律和自由组合定律。

1865年，孟德尔向世人公布了他的研究成果。但是当时孟德尔的理论过于先进，科学家们都听得云里雾里，以至于这项伟大的成就被埋没了。直到1900年，有几位科学家才重新发现了孟德尔早已发现的遗传定律，时隔35年，孟德尔的研究终于得以绽放光彩。

基因分为两种：显性基因和隐性基因。其中，显性基因力量比较强、能单独决定后代性状，隐性基因力量比较弱，不能单独决定后代性状。

举个简单的例子：双眼皮是显性基因，我们用A来表示，单眼皮是隐性基因，我们用a来表示。如果一个人的基因是AA，那么他将会是双眼皮，如果是aa，他将会是单眼皮，但如果是Aa或者aA，他将还会是双眼皮，这就是显性基因(A)能单独决定后代性状的意思。

> 你的身体，取决于你的父母携带的基因，当然了，还有基因自由组合的运气。

高豌豆的基因是DD

矮豌豆的基因是dd

高豌豆中的一个D单独进入生殖细胞（基因分离）

矮豌豆中的一个d单独进入生殖细胞（基因分离）

受精之后，融合为Dd基因组合，因为高豌豆D是显性基因，所以最终生长出来的是高豌豆。

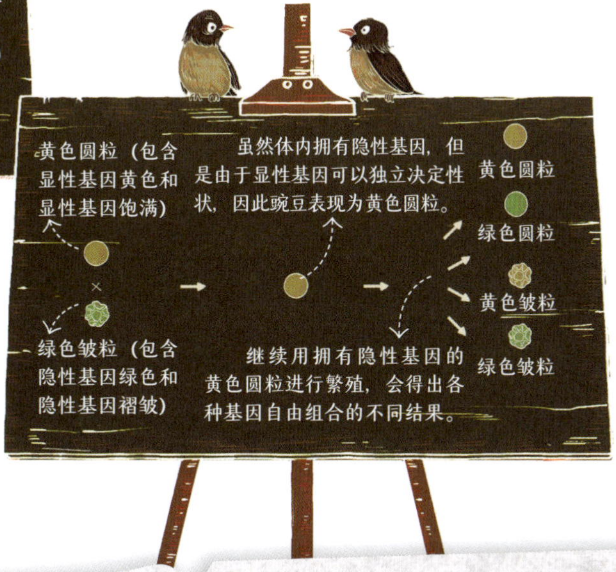

黄色圆粒（包含显性基因黄色和显性基因饱满）

绿色皱粒（包含隐性基因绿色和隐性基因褶皱）

虽然体内拥有隐性基因，但是由于显性基因可以独立决定性状，因此豌豆表现为黄色圆粒。

继续用拥有隐性基因的黄色圆粒进行繁殖，会得出各种基因自由组合的不同结果。

黄色圆粒
绿色圆粒
黄色皱粒
绿色皱粒

★ 科学巨人档案 ★

托马斯·亨特·摩尔根

- **性别** 男
- **国籍** 美国
- **生卒年** 1866—1945年
- **主要成就** 发现染色体机制和遗传学第三定律

托马斯·亨特·摩尔根

格雷戈尔·孟德尔

- **性别** 男
- **国籍** 奥地利
- **生卒年** 1822—1884年
- **主要成就** 发现了遗传学基因分离定律和自由组合定律

格雷戈尔·孟德尔

小疫苗，大抗体

在 18 世纪，医疗手段非常有限，医疗技术也不够发达。当时有一种叫作天花的疾病肆虐全球，它的传染性非常高，并且死亡率也很高，在那个年代也没有有效的药物可以治疗天花，于是它一度成为 18 世纪英国人死亡的主要原因。但有一点值得注意，一个人只要感染过一次天花，痊愈后就终生都不会再得这种病了，这个现象给人们提供了一个预防天花的思路。

中国早在 16 世纪的时候就发明了一种"人痘接种法"。该方法是利用已经患病的人身上的痘疮中的痘浆（或痘痂），让健康的人染上轻微的天花，这样病人痊愈之后就不会再患天花了。

人痘接种法有很高的失败率，很多人不是染上了轻微的天花，而是发展为严重的天花，还有很多人在痊愈后会留下大量痘疤，所以人们一直在寻找更好的预防方法。

为什么接种过牛痘或人痘的人，在患过轻微的天花后，就不会再患天花了呢？因为身体一旦接触过同样的病原体，就会针对它产生**抗体**，这种抗体能够在以后抵抗同种病原体的侵入。

● **病原体**
（入侵身体后会引发疾病）

细胞毒性T细胞
（根据辅助性T细胞的指挥集体出动，攻击病原体和被感染的细胞）

效应T细胞
（战斗力非常强的特殊T细胞）

记忆细胞
（记住病原体的特征，防止二次感染）

抗体
（由于抗原的刺激而产生的具有保护作用的蛋白质）

B细胞 ●
（可以分化为负责产生抗体的效应B细胞）

效应B细胞
（可以产生抗体）

吞噬细胞
（能够吞噬病原体，并将其杀死）

遗传学定律

18世纪末，一位名叫詹纳的英国医生在牧场工作，那时候牧场里的奶牛经常会患一种叫作牛痘的疾病，这种疾病可以传染给人，挤奶工就是易染人群。牛痘的症状与轻微的天花的症状很相似，神奇的是，詹纳发现所有患过牛痘的人都没有患过天花。1796年，詹纳从一个挤奶工的手上取出牛痘痘疮中的物质，注射给了一个患有牛痘的八岁小男孩，小男孩很快就康复了。詹纳又给他注射了天花痘疮中的物质，如他所料，小男孩果然没有患天花。这就是牛痘接种法的发明，比人痘接种法要更安全。后来，詹纳将这种方法无私地传播给全世界，帮助人们完全克服了天花。

记忆细胞（在记忆细胞存在期间，当抗原再次来袭，记忆细胞可以直接快速地增殖分化成效应B细胞，分泌抗体，阻止抗原入侵）

抗原（会使生物体内产生抗体）

我们有专门对付你们的武器！

就是它们

第二次感染

抗体

记忆细胞

记忆细胞可以在身体内存在很久，有的几个月，有的几十年，而针对天花的记忆细胞可以终身存在，所以接种过牛痘或人痘的人以后都不会再患天花了，这种情况就叫作免疫。类似牛痘和人痘的病原体就叫作疫苗。牛痘之所以比人痘更好，是因为牛痘更加安全。

利用抗体的特性，人们发明了很多用于预防各种重大疾病的疫苗。比如狂犬病、白喉、破伤风等，都可以通过及时接种疫苗来达到免疫效果。

★ 科学巨人档案 ★

爱德华·詹纳

爱德华·詹纳

性　别　男

生卒年　1749—1823 年

国　籍　英国

主要成就　发明并推广牛痘接种法，打开免疫学的大门

人为什么会生病

列文虎克早在 17 世纪就依靠显微镜对微观世界有所了解了,可惜他的工作在当时没能引起重视,到了 19 世纪,在细胞学说产生之后,细菌理论才终于初露端倪。

真正对细菌有研究的人是法国科学家巴斯德。巴斯德发现疾病是可以传染的,并且是由寄生的微生物引起的,他将这种微生物称为细菌。因为细菌是单细胞生物,所以细菌的身体构造就是一个细胞的构造。

质粒(存在于细胞质中的 DNA 分子,携带着遗传信息,并且拥有自主复制的能力)

细胞壁(保护细菌)

荚膜(保护细菌不被吞噬,并能粘到某些细胞的表面)

细胞膜

细胞质基质(细胞质中半透明的胶状物质)

鞭毛(细菌的运动器官)

菌毛(是比鞭毛更细、更短,并且又直又硬的细丝。不同细菌的菌毛拥有不同的作用)

核糖体(为细菌合成蛋白质)

拟核(细菌细胞的核心区域,含有遗传信息)

细菌根据外形的不同,可以分为三种:球菌、杆菌和螺旋菌。

球菌的外形是球形或者近似球形。

杆菌的外形是圆柱形或者椭圆卵形。

螺旋菌的外形是长条弯曲状或者螺旋状。

巴氏消毒法

巴斯德发现，细菌是导致传染病的原因。其在长时间的研究下，想出了各种对付传染病的方法。现代医生做手术都要戴手套就是为了避免传染。

随着对细菌研究的深入，巴斯德发现不同的细菌有不同的生存环境，如果对其进行一些特殊处理，就会降低它们的致病能力。将处理过后的狂犬病病菌提前注射给可能得狂犬病的人，这个人体内就会产生抗体，从而对狂犬病免疫，巴斯德因此发明了狂犬病疫苗！

细菌不仅会导致生物体生病，还会导致食物变质。巴斯德研究后发现，没有变质的酒中有圆球形状的酵母菌，而变质后的酒中有细棍形状的乳酸杆菌，就是乳酸杆菌导致了酒变质。只要消灭了这些乳酸杆菌，就可以防止酒变质。高温可以杀菌，但过高的温度同样会改变食物的品质。经过反复实验，巴斯德找到一种简单的方法——把酒放到五六十摄氏度的环境中半小时以上，就可以杀死酒里的乳酸杆菌。而这就是我们现在仍旧沿用的巴氏杀菌法，也叫巴氏消毒法。

身体里的病毒

会给生物体带来疾病的物质除了细菌,还有一种更加微小的东西,叫作病毒。1898年,一位荷兰科学家在研究烟草花叶病的病原体时,发现并命名了病毒,但他认为病毒是液体。直到1935年,人们弄清了病毒的真正面貌,那是一种比细胞还小的微粒。

需要注意的是,病毒不是细胞,它们的结构非常简单,主要由内部的遗传物质和外部的蛋白质外壳组成。

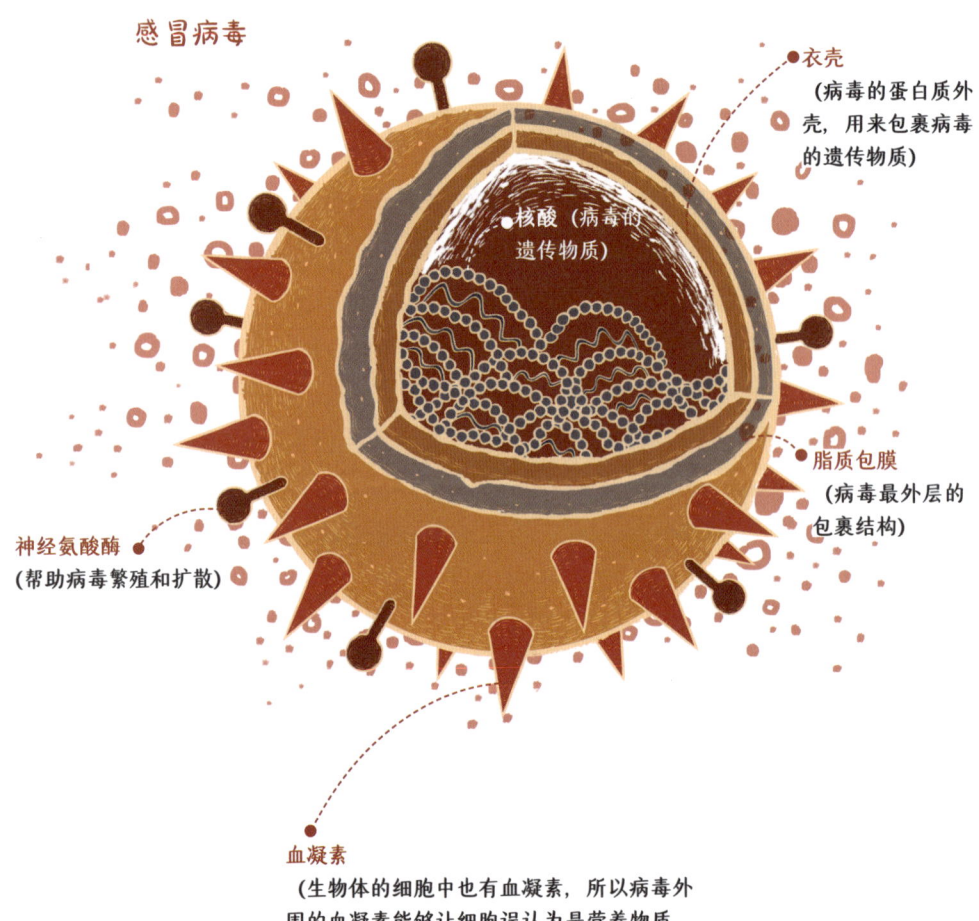

感冒病毒

衣壳
(病毒的蛋白质外壳,用来包裹病毒的遗传物质)

核酸(病毒的遗传物质)

脂质包膜
(病毒最外层的包裹结构)

神经氨酸酶
(帮助病毒繁殖和扩散)

血凝素
(生物体的细胞中也有血凝素,所以病毒外围的血凝素能够让细胞误认为是营养物质,从而寄生到细胞里)

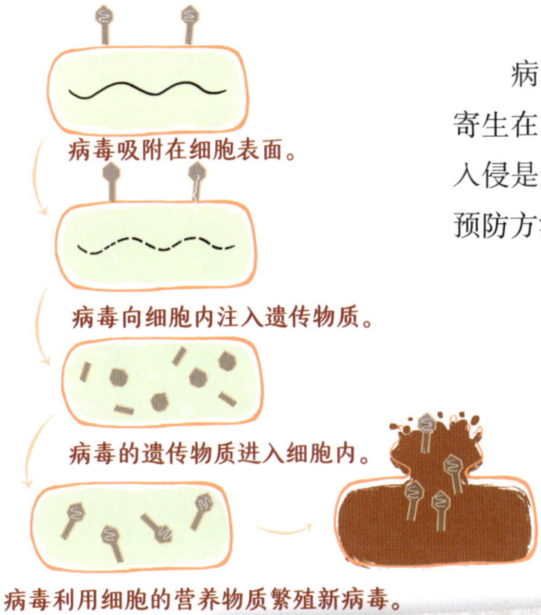

病毒吸附在细胞表面。

病毒向细胞内注入遗传物质。

病毒的遗传物质进入细胞内。

病毒利用细胞的营养物质繁殖新病毒。

病毒不能独立生存，必须寄生在细胞中，所以防止病毒入侵是最容易也最有效的疾病预防方法。

新病毒利用神经氨酸酶切断自身与这个细胞的联系，然后扩散到各处去侵袭其他细胞。

★ 科学巨人档案 ★

路易斯·巴斯德

性 别	男
生卒年	1822—1895 年

国 籍	法国
主要成就	对细菌的研究；创立巴氏消毒法；发明狂犬病疫苗

路易斯·巴斯德

温德尔·梅雷迪思·斯坦利

性 别	男
生卒年	1904—1971 年

国 籍	美国
主要成就	发现烟草花叶病毒结构

温德尔·梅雷迪思·斯坦利

人类疾病抗争史

> 随着对细菌研究的深入，人们不但发现了各种各样的细菌，也查清了这些细菌能够导致什么样的疾病，于是，一场针对细菌的战斗轰轰烈烈地展开了。在这场战斗中，最著名的要数**抗生素**的发现。

青霉素的发现

1928年的一天，科学家弗莱明回到实验室清洗细菌培养皿，但一块不寻常的霉斑吸引了他的注意。培养皿中的细菌原本是葡萄球菌，那是一种容易引发传染病的常见细菌，让弗莱明不解的是，这块新出现的霉斑周围存在一片没有葡萄球菌的区域，这说明霉斑具有杀死葡萄球菌的功效！

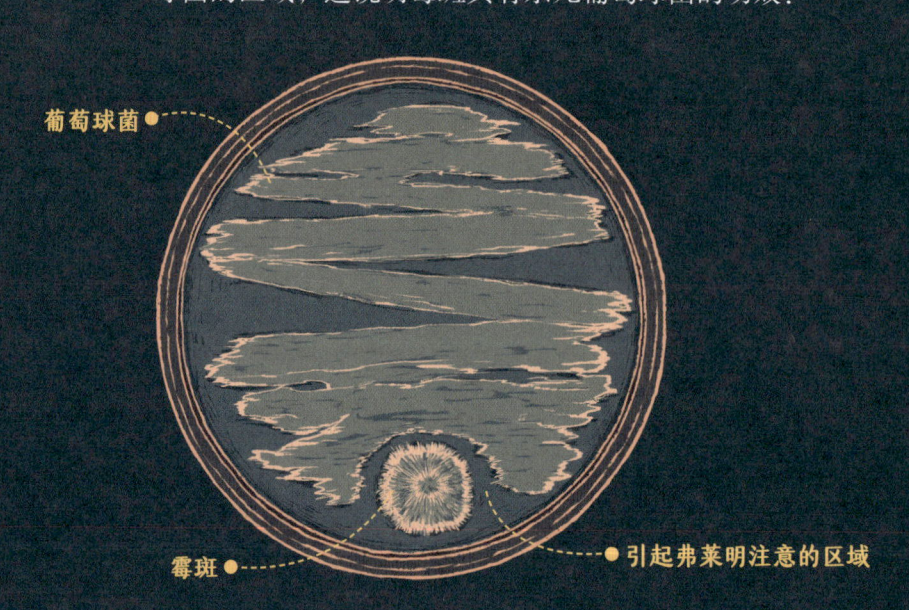

- 葡萄球菌
- 霉斑
- 引起弗莱明注意的区域

后来弗莱明将这块霉斑小心地保存下来并继续培养。其经研究发现，这种霉斑可以杀死很多致病细菌。这种霉斑就是**青霉菌**，从中提取出来的物质叫作青霉素。1938年，两位科学家再次对青霉素进行研究，解决了青霉素不能大量生产的问题。随着第二次世界大战的爆发，青霉素受到了极大的重视，最终才得以广泛应用，结束了传染病几乎无法治愈的时代。

杀死细菌的秘密武器

抗生素是由微生物或某些动植物在生活过程中产生的特殊自然物质，这种物质具有抗菌作用。青霉素的发现鼓舞了人们与细菌战斗的士气，一时间，科学家们都在努力寻找自然界存在的其他抗生素，并且陆续发现了能够治愈结核病的链霉素、能够治愈轻度感染的氯霉素等。不过，抗生素究竟是怎么杀死细菌的呢？

有的抗生素可以增强细菌细胞膜的通透性，使细菌内部的有用物质流出来。

有的抗生素可以阻止细菌形成细胞壁，使细菌膨胀破裂，青霉素就属于这种。

有的抗生素可以抑制细菌合成 DNA，导致细菌无法繁殖。

由于细菌的核糖体与人体的核糖体不同，有的抗生素可以抑制只存在于细菌核糖体中的某些物质，从而阻止细菌合成蛋白质。

抗生素强力的抗菌效果，使人类在与细菌的战斗中占据了优势。但是，就像人类对曾经遇到过的病菌会产生抗体一样，经常使用抗生素也会使某些细菌产生抗药性。

有的细菌可以改变细胞膜的特性，使抗生素无法进入。

我的铠甲无坚不摧！

刀断了！

好疼……

把衣服还给我……

我是谁？我在哪儿？

有的细菌可以产生使抗生素失去抗菌效果的物质。

有的细菌可以进行修饰，改变抗生素起重要作用的部分，使抗生素无法发挥作用。

还好我给孩子乔装打扮了一番。

今天怎么不见细菌呢？

通往细胞外

有的细菌可以将细胞内的抗生素运输到细胞外。

从20世纪40年代开始，人们过分依赖抗生素强劲的抗菌效果，出现了滥用抗生素的情况，这种情况在中国尤其严重。滥用抗生素的后果就是使细菌产生了抗药性，所以如果下次再患上同样的疾病，就不得不使用更强的抗生素，而这又会使细菌产生更强的抗药性，恶性循环下去，最终会产生所有抗生素都无法控制的超级细菌。

抗生素本身对人体就有很强的副作用，滥用抗生素会对人体健康造成有害影响，甚至引发某些疾病。不仅如此，随着排出体外的抗生素越来越多，我们周围的环境已经被抗生素"污染"，这样一来，在这些环境中成长的动植物和人类都会成为抗生素污染的下一个环节，使人们在不知不觉中吃下更多抗生素，从而加重细菌耐药性的恶性循环。长此以往，我们的疾病将无药可医。

怎么到处都是抗生素？

★ 科学巨人档案 ★

亚历山大·弗莱明

亚历山大·弗莱明

性 别	男
生卒年	1881—1955 年
国 籍	英国
主要成就	发现青霉素

电生磁，磁生电……

> 泰勒斯作为科学的鼻祖，在很多方面都开了个好头。早在公元前 6 世纪，泰勒斯就发现用皮毛摩擦后的琥珀能够吸引羽毛。当时的人们无法对此做出解释，不过却给这个现象起了个沿用至今的名字：电。

人类发现、使用电

为了对电进行探索，有许多科学家为此不懈努力，美国科学家富兰克林就是其中的佼佼者。1752 年，富兰克林进行了著名的"风筝实验"，证实了天空中的闪电与人工摩擦后的静电是完全相同的东西，也就是电。富兰克林研究了闪电放电的原理，并依此发明了避雷针。

电塔（架起电线和保护电线的铁塔）

电线（运输电的线）

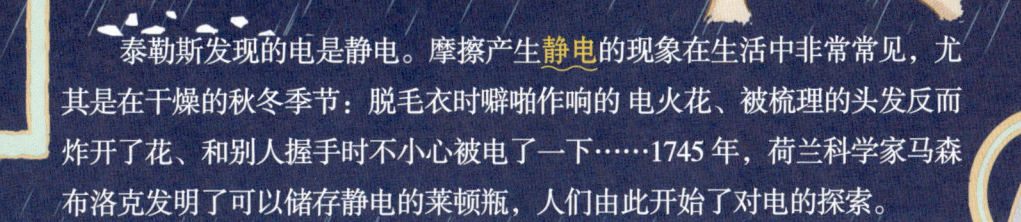

泰勒斯发现的电是静电。摩擦产生**静电**的现象在生活中非常常见，尤其是在干燥的秋冬季节：脱毛衣时噼啪作响的电火花、被梳理的头发反而炸开了花、和别人握手时不小心被电了一下……1745年，荷兰科学家马森布洛克发明了可以储存静电的莱顿瓶，人们由此开始了对电的探索。

1800年，意大利科学家伏特用两种金属片与被盐水浸湿的纸片叠加到一起，一层又一层，一直叠加了10层、20层，甚至30层，之后便产生了流动的电，也就是**电流**。叠加得越高，电流越强，而促使电流流动的东西就是**电压**。这个装置被称为伏打电堆，可以看作是最早的电池。伏打电堆使人们不再受限于静电和闪电，而且让人们认识到了电流和电压等。

1820年，有位科学家发现有电流产生的地方都会使电动磁针发生转动，我们称之为**电流的磁效应**。后来，法国科学家安培开始研究这个现象，并很快得出了著名的右手定则，也叫安培定则。安培指出，电流激发出的磁场方向与电流本身的方向是有关的，当你用右手握住通电螺线管，让四指指向电流的方向，那大拇指所指的方向就是通电螺线管内部磁场的N极。

变压器（把电压降低到适合家庭使用的程度）

变压器（可以改变电压高低的设备，同样也利用了电磁感应的原理）

磁感线

导体（导电性强的物体。在发电机中，通过导体切割磁感线来产生电流）

电流表（能够测定电流的大小）

到1831年，英国科学家法拉第在前人的基础上继续研究，发现不仅电能生磁，而且磁能生电。法拉第提出了一种磁感线理论：用一些假想的线来描述磁场的方向，这些线就叫作**磁感线**。在此基础上，法拉第发现如果将导体放在与磁感线垂直的方向，并且切割磁感线的话，导体中就会产生电流。这个理论叫作磁生电，而这一理论也使发电成为可能，而最早的发电机就是法拉第发明的。

电磁感应的发现给人类带来了全新的能源——**电能**。现代人几乎时时刻刻都在使用电，而这些电的来源全都有赖各种各样的发电站，其中，水力发电是一种既环保又实用的发电方法。

大坝（把水流作为带动发电机的动力来源）

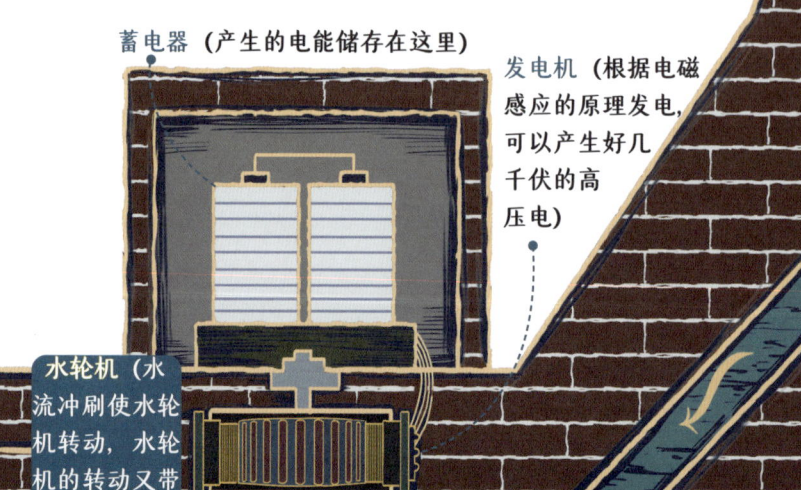

蓄电器（产生的电能储存在这里）

发电机（根据电磁感应的原理发电，可以产生好几千伏的高压电）

水轮机（水流冲刷使水轮机转动，水轮机的转动又带动上面发电机的转动）

★ 科学巨人档案 ★

马森布洛克
- 性别：男
- 生卒年：1696—1761 年
- 国籍：荷兰
- 主要成就：发明莱顿瓶

本杰明·富兰克林
- 性别：男
- 生卒年：1706—1790 年
- 国籍：美国
- 主要成就：证实闪电的本质是电；发明避雷针

亚历山德罗·伏特
- 性别：男
- 生卒年：1745—1827 年
- 国籍：意大利
- 主要成就：发明伏打电堆

安德烈·马利·安培
- 性别：男
- 生卒年：1775—1836 年
- 国籍：法国
- 主要成就：对电磁作用的研究

迈克尔·法拉第
- 性别：男
- 生卒年：1791—1867 年
- 国籍：英国
- 主要成就：提出电磁感应学说；提出磁感线理论；发明发电机

与电有关的伟大发明

在人类终于驯服电这头"野兽"之后,利用电能的装置也被大量发明出来,我们现在每天使用的电视、电话、电脑等,全都得依靠电能。而要说分布最广泛、最常见的电器,那就是能够照亮黑暗的电灯,其发明者就是发明大王爱迪生。

碳丝白炽灯
(爱迪生从1878年9月开始研究电灯,经过一年多的反复试验,在试用了1600多种材料之后,终于成功研制出有使用价值的电灯)

爱迪生普用印刷机
(1870年,爱迪生发明了印刷机)

爱迪生改进过一台证券报价机，并将其卖给华尔街的一个公司。他本来想用 5000 美元的价格出售，但他还没说出口，公司的负责人就说不能超过 40000 美元。爱迪生凭借这个发明赚来的钱开了一家小公司，专注于发明各种新事物。

此后，爱迪生陆续发明了各式各样的东西，拥有 1000 多项专利，成为名副其实的发明大王。

1878 年，爱迪生创立了爱迪生电灯公司。该公司在 1892 年与汤姆森 - 休斯顿电气公司合并，成为通用电气公司。这个公司一直持续到现在，已经成为世界上最大的提供技术和服务业务的跨国公司，也就是现在的美国通用电气公司。

当把留声机和电影放映机结合起来之后，有声电影就诞生了。1910 年，爱迪生发明了有声电影。

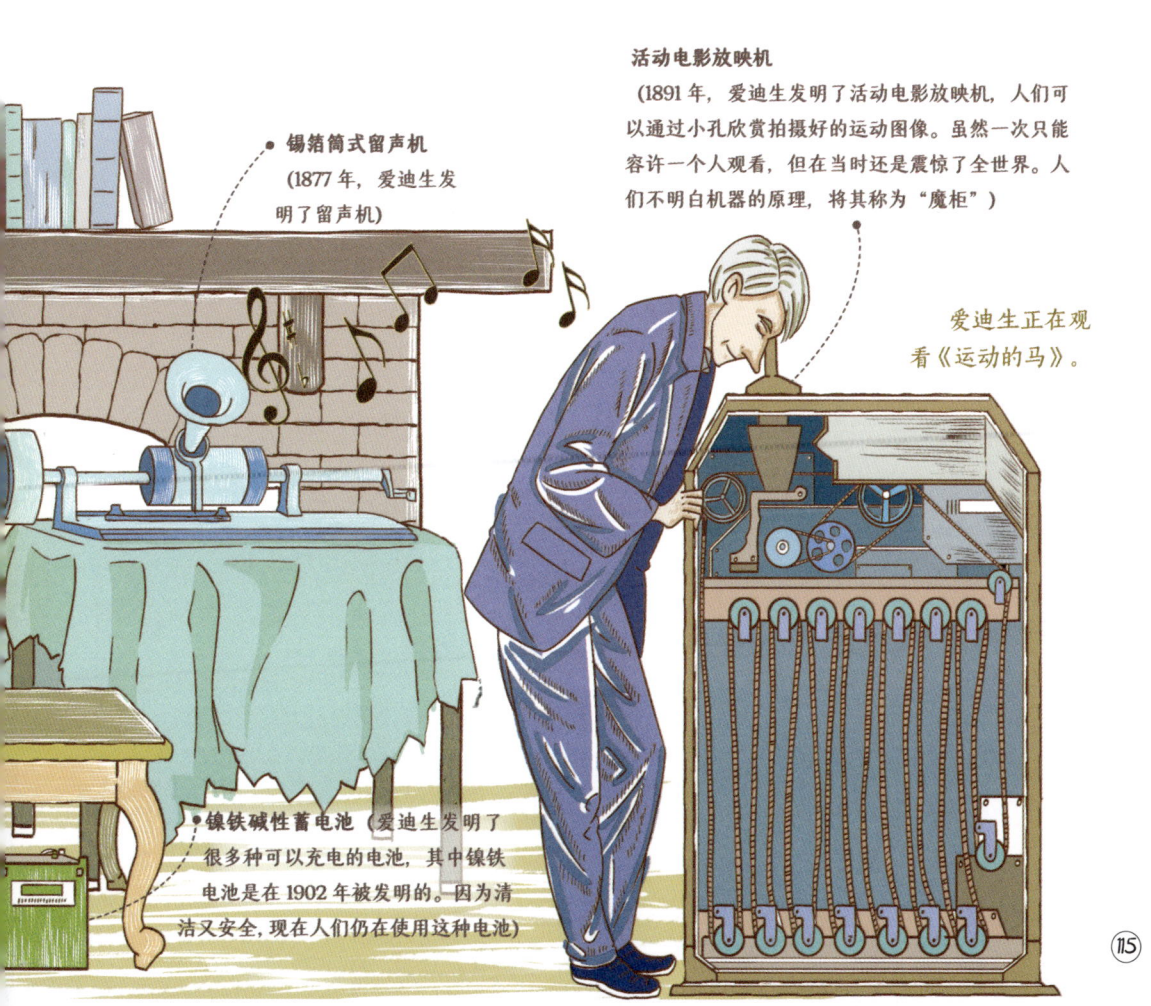

活动电影放映机
（1891 年，爱迪生发明了活动电影放映机，人们可以通过小孔欣赏拍摄好的运动图像。虽然一次只能容许一个人观看，但在当时还是震惊了全世界。人们不明白机器的原理，将其称为"魔柜"）

• 锡箔筒式留声机
（1877 年，爱迪生发明了留声机）

爱迪生正在观看《运动的马》。

• 镍铁碱性蓄电池（爱迪生发明了很多种可以充电的电池，其中镍铁电池是在 1902 年被发明的。因为清洁又安全，现在人们仍在使用这种电池）

爱迪生效应

爱迪生在发明电灯后，发现碳丝总是很快就被电火的高温给"蒸发"掉了，为了延长电灯的使用寿命，他想出了一个在灯泡内另外封入一根铜线的方法。虽然这个方法没有成功，但在实验过程中爱迪生发现，即使只加热了碳丝，不相连的铜线内也有微弱的电流通过，后来这种现象被称为**爱迪生效应**。

爱迪生效应也叫热电子发射。

电阻阻挡了电流流向铜丝。

铜丝接收从碳丝逃出的电子，所以有微弱的电流。

电池给电灯提供电能。

碳丝加热到一定程度后，其中部分带电的电子会逃出灯丝。

根据爱迪生效应，1904年，英国物理学家弗莱明发明了电子管（也叫二极管）。后来人们又制成了可以将电信号放大的三极管，并以此促成了无线电广播的产生。

虽然爱迪生一生发明众多，但他钟情于无法改变大小和方向的直流电，他的各种发明所使用的也都是直流电。1886年，一位叫作特斯拉的人从爱迪生的公司辞职，创建了自己的公司，并且开始研究他更加看好的交流电（依据法拉第的电磁感应原理），并因此创造了多项发明，最终交流电战胜了直流电，成为供电主流。我们现在日常生活中使用的电大多是交流电。

交流电的电流大小和方向是会不停地做周期性变化的。由于电流大小可以正反向改变，就可以根据所需功耗来提供恰当的能量，这样能够节省不少损耗，所以我们在生活中大多使用交流电。

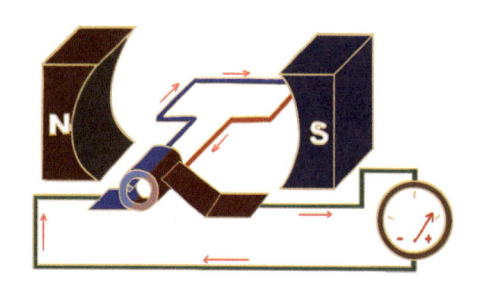

直流电非常稳定，电流大小和方向都不会变化。也就是说，无论需要多大的功耗，直流电供应的电流大小不变，多余的电就被浪费了。现在，一些需要稳定电流的控制系统依旧使用直流电。

★ 科学巨人档案 ★

托马斯·阿尔瓦·爱迪生

托马斯·阿尔瓦·爱迪生

性 别	男
生卒年	1847—1931 年
国 籍	美国
主要成就	一千多项发明专利

相对论
中的多角度世界

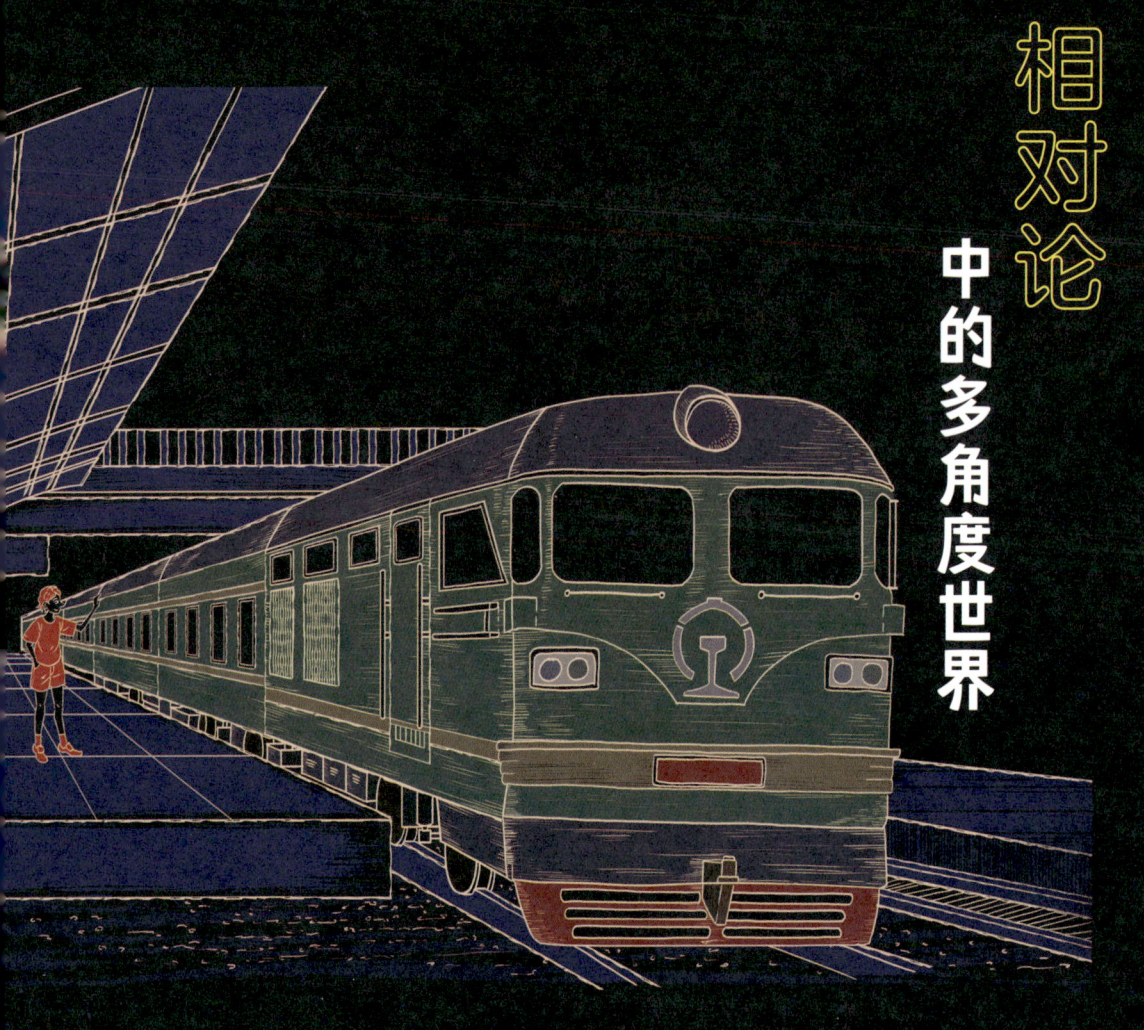

　　有一列火车在以一定的速度前进，某节车厢里有三个人，而你站在站台上看着这一切。你看到因为火车在远离你，所以车厢里的三个人也在以同样的速度远离你，可是对于车厢里的三个人来说，他们却一步也没有移动。如果我们把眼光放远一些，从太空中看的话，在地球上运行的火车不仅拥有自身运行的速度，还得加上地球转动的速度；对于太阳系其他星球上的观察者来说，火车的速度成了自身速度、地球自转速度和地球公转速度的叠加；而对于太阳系外的观察者来说，还得在此基础上加上整个太阳系围绕银河系中心旋转的速度……虽然是同一列火车，保持着不变的速度，但处于不同位置的观察者却得出了完全不同的结论，并且谁都没有错，这就是**相对论**。

其实，爱因斯坦就在这节前进的车厢里，并且发生了一些有趣的事。

①首先，爱因斯坦走到车厢正中央，并且掏出了打火机。

②与此同时，车头和车尾各走来一个人，面对着中间的爱因斯坦。此刻，爱因斯坦点燃了打火机。

③光的传播也是需要时间的，但是由于距离相等，车厢两端的人是同时看到打火机火光的。

④我们换个角度来看待这一切。假设在爱因斯坦站在车厢中间的时候，你正好站在车厢外的站台上，并且看到了这一切。

⑤爱因斯坦点燃了打火机，同时，火车也在一刻不停地离你远去。

⑥从你的角度看去，因为火车前行，车尾是迎着火光前行，而前行的车头其实是在往远离火光的方向移动，所以在你看来，是车尾的人先看到火光，车头的人后看到火光，而不是同时看到的。

相对论最神奇的地方在于，它完全改变了我们对世界的认知。在火车的例子中，两种结论都是对的，之所以不同，是因为观察者所处的位置不同，这就是相对论：现实取决于你的位置。

真的是6吗？把书反过来试试。

察看9。

这是6。

只缘身在此山中

相对论与我们以往所知的理论不同，有一个重要的原因是对时间的奇特认知。爱因斯坦认为，时间是有弹性的，并且和空间密不可分，我们称之为时空。

更神奇的是，时空也是有弹性的，并且可以弯曲变形，而什么可以导致时空弯曲呢？那就是质量，尤其是大质量的物体，比如太空中的恒星，并且质量越大，造成的时空弯曲程度就越高。

因为大质量的太阳引起了太阳系的时空弯曲，所以我们看到地球等行星围绕着太阳转动，又因为地球的质量引起了时空弯曲，所以我们看到月球围绕着地球转动。事实上，它们都是在走直线。

我们不妨把时空比作水面。今天风平浪静，爱因斯坦决定朝着远方直线划船，可是突然，水面出现了一个大洞，

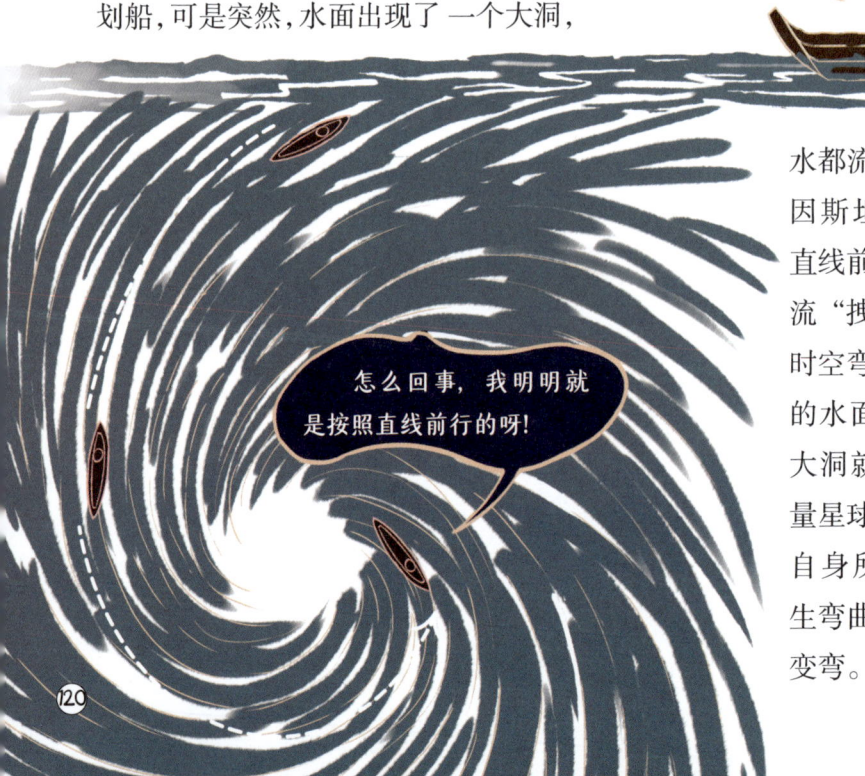

一路向北……

水都流到了这个洞里，爱因斯坦虽然依旧在按照直线前行，但他已经被水流"拽"到了大洞边缘。时空弯曲就是这样，平直的水面就是平直的时空，大洞就像宇宙中的大质量星球（比如太阳），使自身所处之处的时空发生弯曲，包括将"直线"变弯。

怎么回事，我明明就是按照直线前行的呀！

在科学方面，相对论给科学家们提供了全新的宇宙观；在生活方面，相对论给人们带来了更加便利的生活，其中最普遍的一个应用就是全球卫星定位系统。我们外出时使用的地图导航，之所以能够时时刻刻得知我们的位置，就是因为科学家根据相对论调整了人造卫星上的精确计时设备，以达到准确的实时定位。

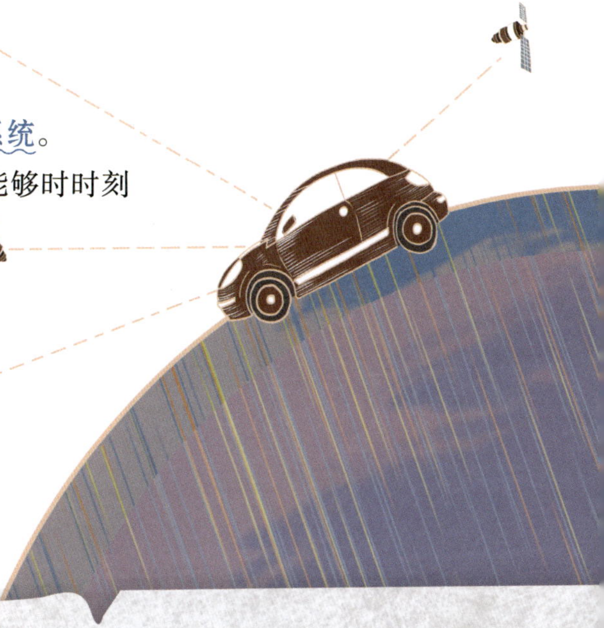

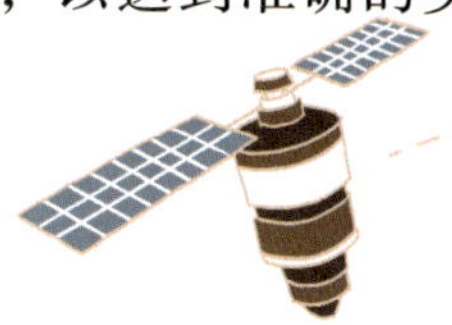

★ 科学巨人档案 ★

阿尔伯特·爱因斯坦

性　　别　男

生　卒　年　1879—1955年

国　　籍　美国

主要成就　提出光量子假说；创立相对论

阿尔伯特·爱因斯坦

小原子，大能量

古希腊时期，有早期的科学家提出了有关原子的概念。当时的人们认为万物的本原是不可分割的原子和空旷的虚空，原子可以在虚空中活动，当原子与原子结合起来，就会产生各种各样的物质，原子分离之后，物质就会消失。这就是最原始的原子论。

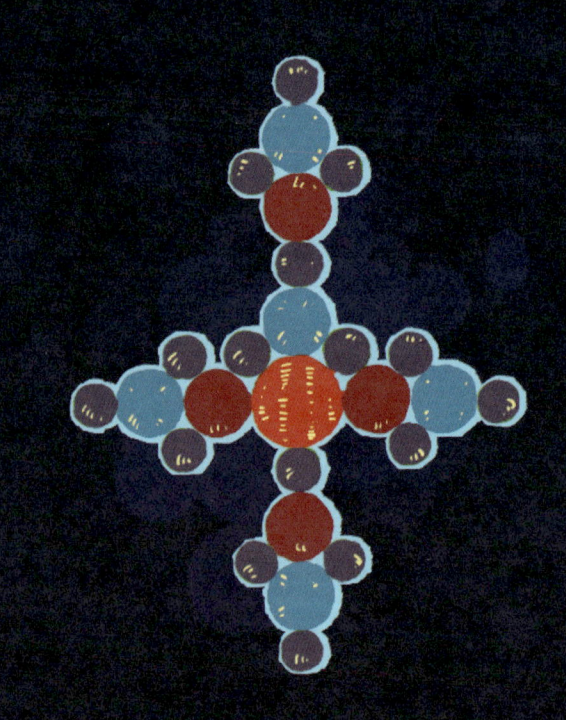

人们对原子的了解过程是真正一步一个脚印堆砌出来的，古希腊的原子论一直到1803年才被打破——英国科学家道尔顿提出了真正的原子学说。

道尔顿提出，原子是不能再被分割的实心小球，不同元素的原子是不同的，并且提出了原子在化学反应中担任的角色。现代化学将原子视为化学变化中的最小微粒就是从这里开始的。

1911 年，英国科学家卢瑟福发现原子内部存在一个又重又小并且带着正电的新结构，就是我们现在所知的真正的<u>原子核</u>。

卢瑟福提出，原子内部的大部分空间都是空的，只是中央有一个原子核，电子在外围随意地围绕原子核运转，就像行星围绕着太阳转一样。几年后，卢瑟福又发现原子核是由质子和中子组成的。

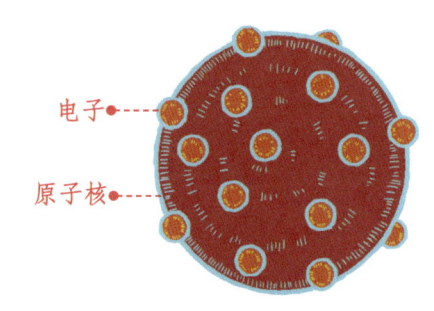

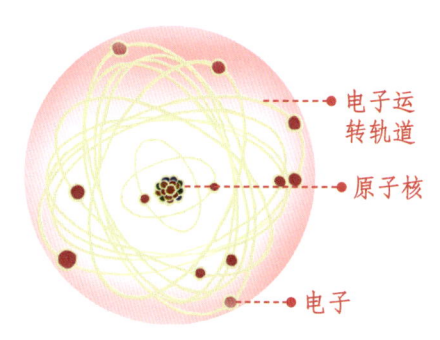

卢瑟福原子模型

在道尔顿之后的很长时间内，大约将近一个世纪，人们都认为原子无法再分割，幸运的是，1897 年英国科学家汤姆逊在原子内部发现了更小的物质：<u>电子</u>，并且在此基础上提出了新的原子模型。

汤姆逊提出，原子并不是不可分割的，而是由原子核和电子构成的。其中，原子核带正电，电子带负电。

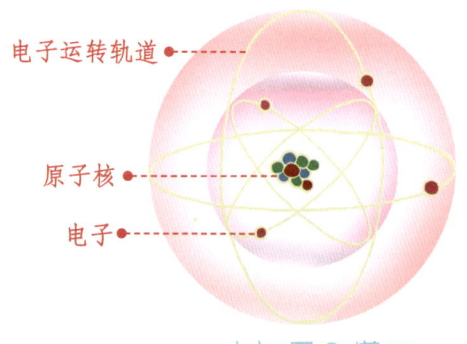

汤姆逊原子模型

卢瑟福的理论看起来已经很完善了，但是电子随意地围绕原子核运转却不那么有说服力。因为按照卢瑟福的原子模型运转，高速运转的电子在不停地向外发射能量，最终会因为能量损失而落到原子核上，使整个原子变得很不稳定，但现实中的原子是很稳定的。

1913 年，丹麦科学家玻尔提出了新的原子模型，解决了卢瑟福原子模型的缺陷。

玻尔原子模型

在化学实验中，不同原子的组合、分离和重新组合就是各种各样的化学反应；而在物理实验中，不仅原子可以组合和分离，原子核也可以。

几个原子核组合在一起，形成新的原子核，叫作**核聚变**。核聚变需要非常严格的外界条件（比如超高的温度和超高的压力），并且只能由质量比较小的原子核合成质量比较大的原子核。在核聚变的过程中，原子核的碰撞会释放出大量的电子和中子，以及巨大的能量。

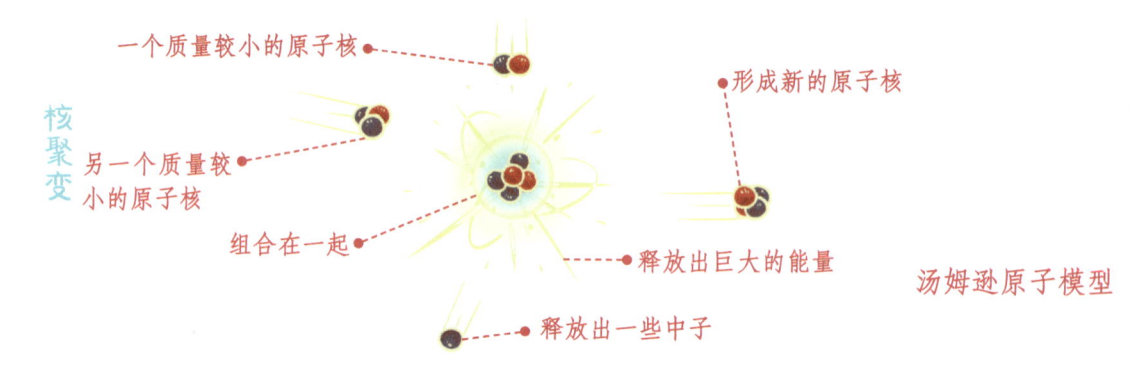

核聚变

- 一个质量较小的原子核
- 另一个质量较小的原子核
- 组合在一起
- 形成新的原子核
- 释放出巨大的能量
- 释放出一些中子

汤姆逊原子模型

一个原子核分裂成两个或多个新的原子核，叫作**核裂变**。进行核裂变的条件没有核聚变那么苛刻，不过需要发生裂变的原料大于一定的体积，且只能由质量比较大的原子核分裂成质量比较小的原子核。在核裂变过程中，原子核的分裂会释放出几个中子和巨大的能量。

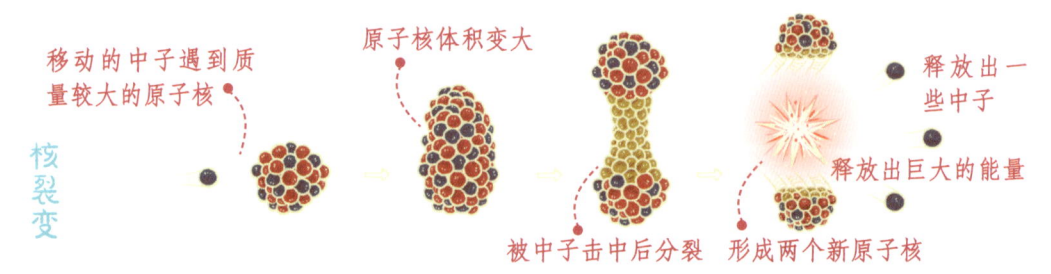

核裂变

- 移动的中子遇到质量较大的原子核
- 原子核体积变大
- 被中子击中后分裂
- 形成两个新原子核
- 释放出一些中子
- 释放出巨大的能量

不管是核聚变还是核裂变，都会释放出巨大的能量，对这些能量加以利用，就给我们带来了一种新的能源——**核能**。

除此之外，人们最早对核能的利用其实是我们熟知的核武器——原子弹和氢弹。其中，原子弹是利用核裂变，氢弹是利用核聚变。这下你可知道原子弹和氢弹的区别了吧？

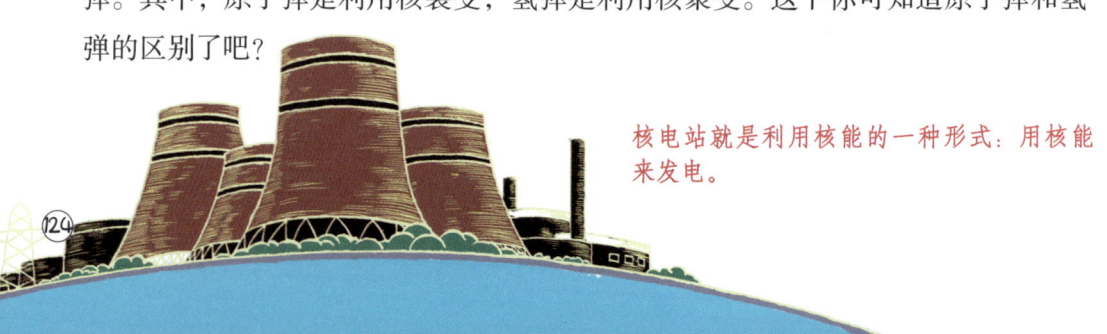

核电站就是利用核能的一种形式：用核能来发电。

★ 科学巨人档案 ★

约翰·道尔顿

- **性 别** 男
- **国 籍** 英国
- **生卒年** 1766—1844 年
- **主要成就** 提出原子学说

约翰·道尔顿

欧内斯特·卢瑟福

- **性 别** 男
- **国 籍** 英国
- **生卒年** 1871—1937 年
- **主要成就** 发现原子核和质子

欧内斯特·卢瑟福

约瑟夫·约翰·汤姆逊

- **性 别** 男
- **国 籍** 英国
- **生卒年** 1856—1940 年
- **主要成就** 发现电子

约瑟夫·约翰·汤姆逊

尼尔斯·玻尔

- **性 别** 男
- **国 籍** 丹麦
- **生卒年** 1885—1962 年
- **主要成就** 玻尔原子模型

尼尔斯·玻尔

人类的大航海时代

从很久以前开始，人们就用图画的形式记录所在地的城市、河流、山脉等，这就是最早的地图。在西方，地图起源于生活在两河流域的苏美尔人；在中国，地图起源于大禹铸造的九鼎。无论是哪种地图，

都会随着人们活动范围的扩大而得到扩大和修正，我们现在熟知的"七大洲"和"四大洋"，也都是前人经历艰险航行探索的结果。

1405—1433年，明朝的郑和先后七次出海航行，史称"郑和下西洋"

欧洲
亚洲
非洲
大洋洲
南极洲

洲　界
麦哲伦
达·伽马
哥伦布

哥伦布航线

① 当时欧洲流传着意大利旅行家马可·波罗著成的《马可·波罗游记》，书中将东方世界（中国和印度）描述成了遍地黄金的天堂，令从未去过东方的读者向往不已，哥伦布也是其中一员。再加上地圆说（认为大地是球形）的盛行，使哥伦布一心想要通过向西航行，到达富饶的东方。最终，在西班牙王室的资助下，哥伦布终于扬帆起航。

麦哲伦航线

① 哥伦布的成功远航刺激了跃跃欲试的西方人，一时间掀起了远航、探险的高潮，欧洲人迎来了大航海的时代，而多次远航也就此带领人们进入了地理大发现的时代。

② 生活在这样一个特殊的时代，麦哲伦同样坚信地圆说，并且力图用实践证明它。这位航海家说到做到，他率领船队出发了。

③ 1519年，麦哲伦率领船队出发了，在大西洋航行了70多天之后，顺利到达了南美洲的巴西海岸。

达·伽马航线

① 哥伦布发现美洲的消息很快引起了轰动，鉴于哥伦布是在西班牙政府的资助下航行的，葡萄牙政府担心自己在海上的权威受到挑战，便抓紧时间派人探索通往印度的海上通道。

② 1482年，葡萄牙国王曾派探险队前往印度，但船队最终在非洲南端的好望角被强烈的海上风暴打败了。

③ 1497—1498年，葡萄牙航海家达·伽马成功绕过好望角，开辟了从欧洲经非洲至印度的新航路。

★ 科学巨人档案 ★

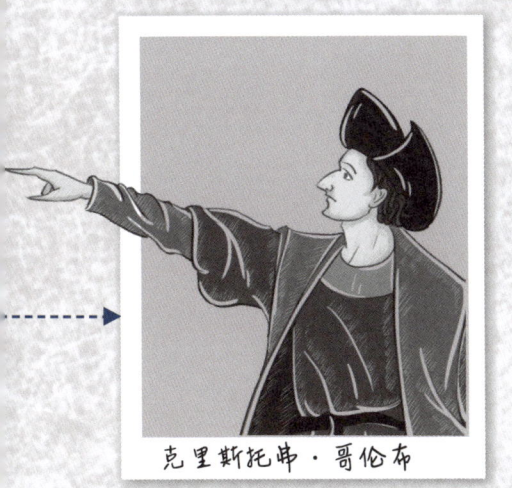

克里斯托弗·哥伦布

- 性　　别 ▶ 男
- 生 卒 年 ▶ 1451—1506 年
- 国　　籍 ▶ 意大利
- 主要成就 ▶ 发现新大陆

克里斯托弗·哥伦布

费迪南·麦哲伦

- 性　　别 ▶ 男
- 生 卒 年 ▶ 1480—1521 年
- 国　　籍 ▶ 葡萄牙
- 主要成就 ▶ 所率领的船队首次完成了环球航行

费迪南·麦哲伦

达·伽马

- 性　　别 ▶ 男
- 生 卒 年 ▶ 约 1469—1524 年
- 国　　籍 ▶ 葡萄牙
- 主要成就 ▶ 开拓了从欧洲绕过好望角到达印度的航线

达·伽马

漂移的地球大陆

人们曾经坚信地球上的陆地坚不可摧，但科学的发展终究带来了不同的答案：陆地在移动。1910 年，德国科学家魏格纳在病中注意到挂在墙上的世界地图，他发现大西洋两岸（非洲西海岸和南美洲东海岸）的轮廓线非常吻合，好像它们原本就在一起似的，这让魏格纳有了一个惊人的想法，也许这两块大陆曾经连在一起，是后来才逐渐分裂的！

病愈后的魏格纳开始为自己的想法寻求证据，他四处搜集资料，结果发现那些大陆海岸线上的山脉和岩石真的是对应的！就像一张被撕裂的纸还可以按照裂口合在一起一样，他甚至还发现了地球上其他大陆之间也有类似的关联。最后，魏格纳提出了一个震惊科学界的观点：地球上所有的大陆曾经是连在一起的，后来逐渐分裂并漂移到了现在的位置上。这就是我们熟知的**大陆漂移说**。

❶ 大约在 2 亿年前，地球表面的陆地是一个整体，我们称之为泛大陆。

根据魏格纳的大陆漂移说，人们试图还原地球表面的大陆从一块广阔的大陆，逐渐分裂漂移到现在的过程。

魏格纳力图从科学角度对大陆漂移说做出解释，可惜由于当时的科技水平有限，他没能给出让人满意的答案，以至于大陆漂移说在当时备受冷落。几十年以后，有人提出了海底扩张说，这个学说也为大陆漂移说提供了解释。

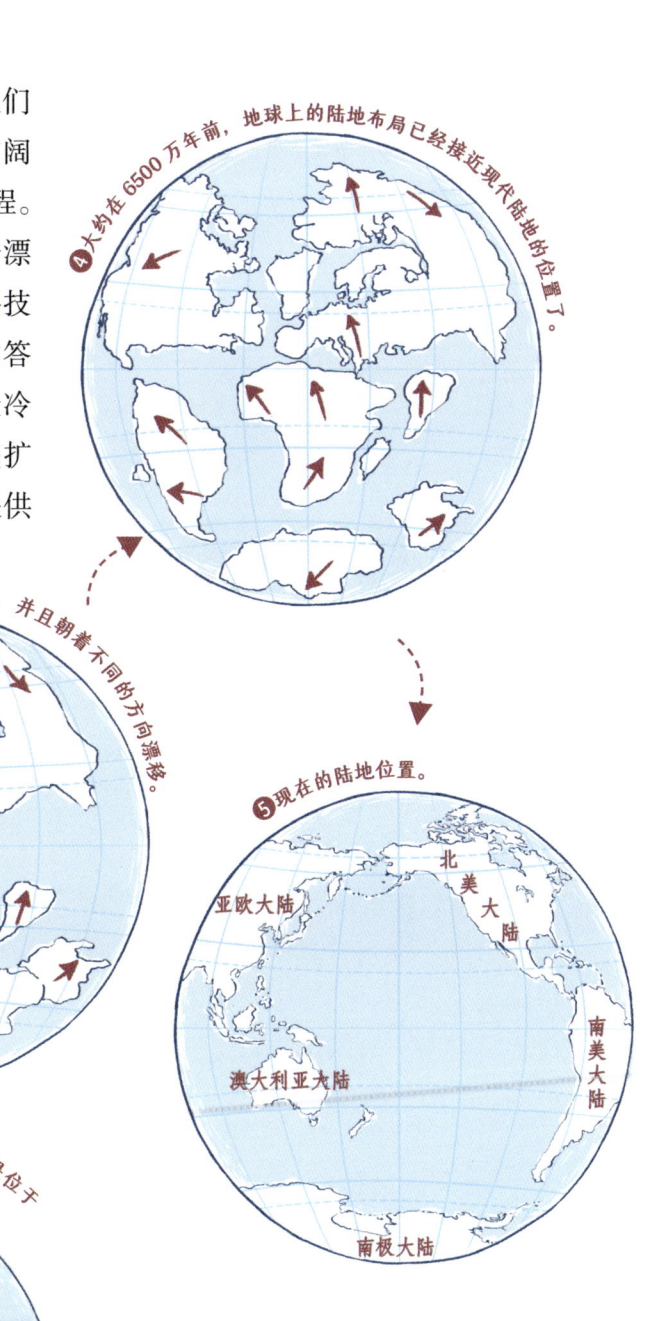

❹大约在6500万年前，地球上的陆地布局已经接近现代陆地的位置了。

❸大约在1.35亿年前，两块大陆继续分裂，并且朝着不同的方向漂移。

❺现在的陆地位置。

亚欧大陆　北美大陆　澳大利亚大陆　南美大陆　南极大陆

❷大约在1.8亿年前，泛大陆分裂成了两块大陆，一块是位于北半球的劳亚古陆，一块是位于南半球的冈瓦纳古陆。

劳亚古陆
冈瓦纳古陆

海底扩张说认为，从地球内部喷涌而出的地幔物质在喷出海底后逐渐冷却，形成新的海底，随着新海底的不断扩张，陆地会被逐渐"推走"，从而导致了大陆漂移。

★ 科学巨人档案 ★

阿尔弗雷德·魏格纳

性　　别▶ 男

生 卒 年▶ 1880—1930 年

国　　籍▶ 德国

主要成就▶ 提出大陆漂移说

阿尔弗雷德·魏格纳

　　海底扩张还有一种情况：先形成的"旧"海底会到达海沟并且继续向下俯冲，一直冲进地幔物质中，然后逐渐消亡，成为地幔物质的一部分，这时候大陆处于海底上方，所以不会向两侧漂移。

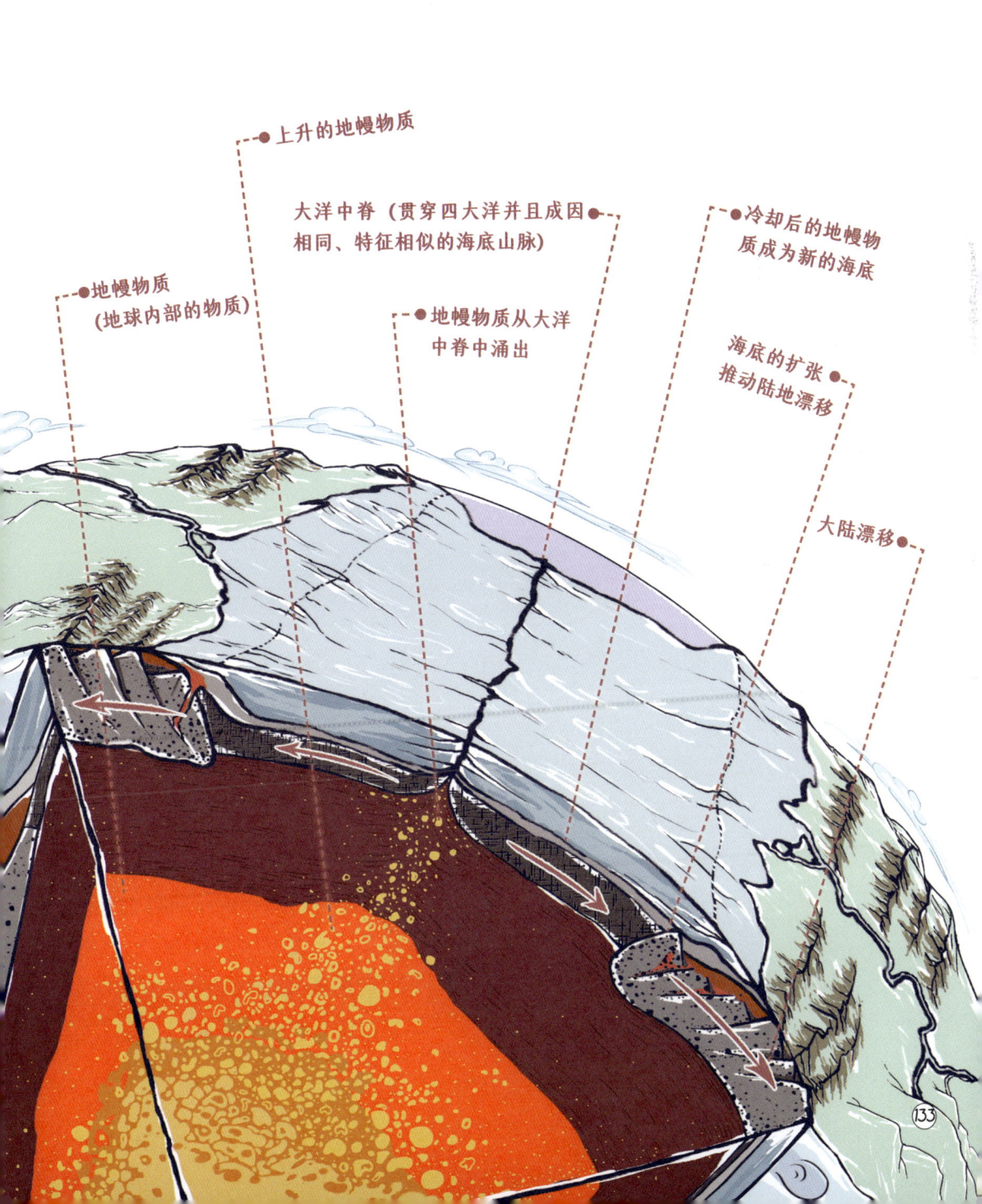

- 上升的地幔物质
- 大洋中脊（贯穿四大洋并且成因相同、特征相似的海底山脉）
- 冷却后的地幔物质成为新的海底
- 地幔物质（地球内部的物质）
- 地幔物质从大洋中脊中涌出
- 海底的扩张推动陆地漂移
- 大陆漂移

活跃的板块

在大陆漂移学说和海底扩张学说之后，人们明白了，陆地确实在移动！值得开心的是，陆地的移动不是毫无章法的，而是有迹可循的。为了彻底搞清楚这种规律，科学家们通过大量的调查和研究，最终在前人的基础上总结出了一个更加先进、更加完备的板块构造学说。

板块运动

板块之间相互碰撞、挤压，就会形成山脉。著名的喜马拉雅山脉就是亚欧板块和印度洋板块碰撞的结果。

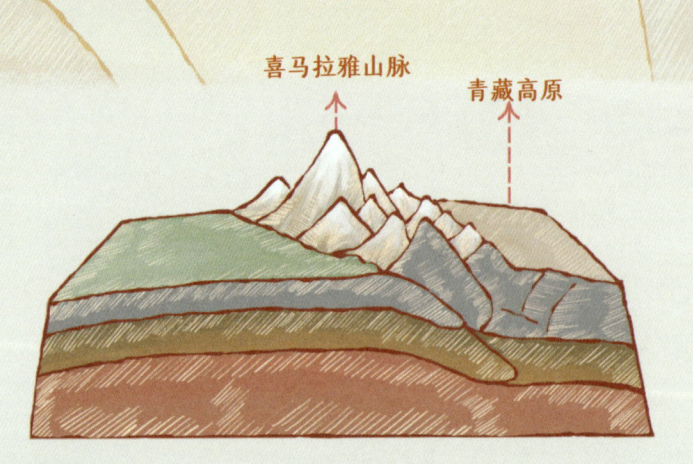

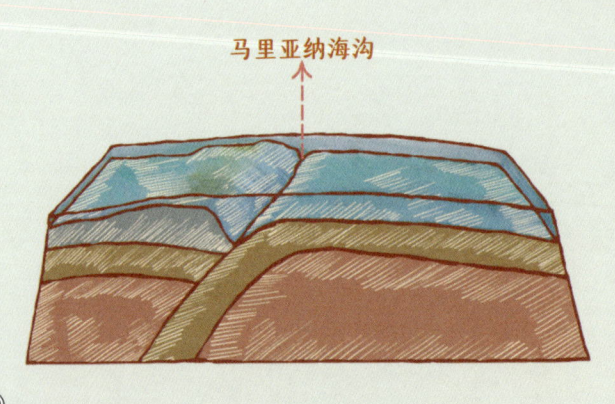

喜马拉雅山脉　青藏高原

马里亚纳海沟

大洋板块和大陆板块的碰撞，往往会导致大洋板块俯冲到大陆板块下面，所以会在板块交界处形成深深的海沟。世界最低点马里亚纳海沟就是太平洋板块俯冲到亚欧板块下形成的。

如果板块之间张裂开来，就会形成巨大的裂谷或海洋。世界上最大的裂谷东非大裂谷正是因非洲板块和印度洋板块的张裂拉伸而形成的，年轻的海洋大西洋也是由美洲板块、亚欧板块和非洲板块的张裂而形成的。

从长期看，板块之间的运动会给地球表面增添更多的山脉和海洋；但是从短期看，板块之间的运动会产生严重的地质活动，或者说地质灾害，比如地震和火山喷发。

大陆板块　　裂谷　　海洋

板块运动与地震

无论是板块的碰撞还是张裂，甚至是相互摩擦，都会引起地面震动，对于生活在地面上的我们来说就是地震。

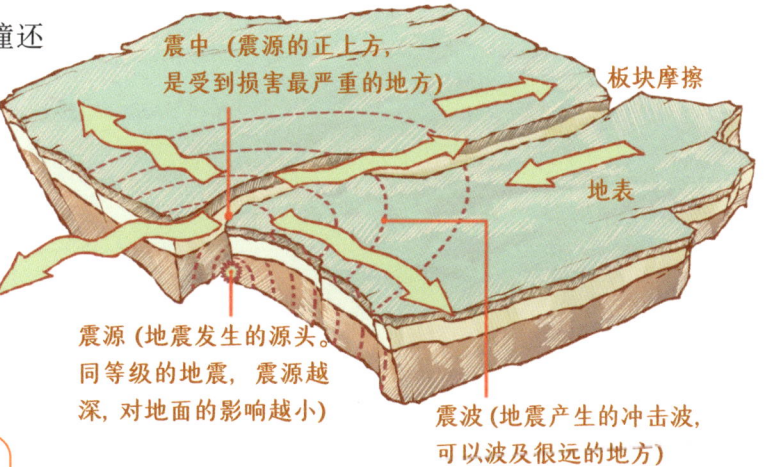

震中（震源的正上方，是受到损害最严重的地方）

板块摩擦

地表

震源（地震发生的源头。同等级的地震，震源越深，对地面的影响越小）

震波（地震产生的冲击波，可以波及很远的地方）

板块运动与矿藏

但板块运动导致的岩浆上升和喷出，不见得全是灾难，在经过大自然的打造之后，它们其实可以带来丰富的矿产资源。

如果岩浆在上升过程中没能喷出地表，就会在地层中逐渐冷却、变质，最后变成铁、铜等矿藏。

如果岩浆从海底喷出，就会与海水发生反应，从而形成矿藏。

如果岩浆携带着有用的金属元素喷出地表，这些金属元素会在一定条件下形成矿石。

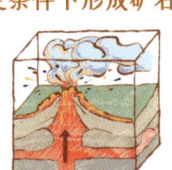

板块运动与火山喷发

同样，板块之间的运动也会引起火山喷发。由于地球内部充满了炽热的岩浆，当板块俯冲到地球内部，就会将其中的岩浆"挤出"地面，使其从火山口喷发出来；当板块张裂时，会破坏覆盖在岩浆上的岩石层，使岩浆露出地表，喷发出来。

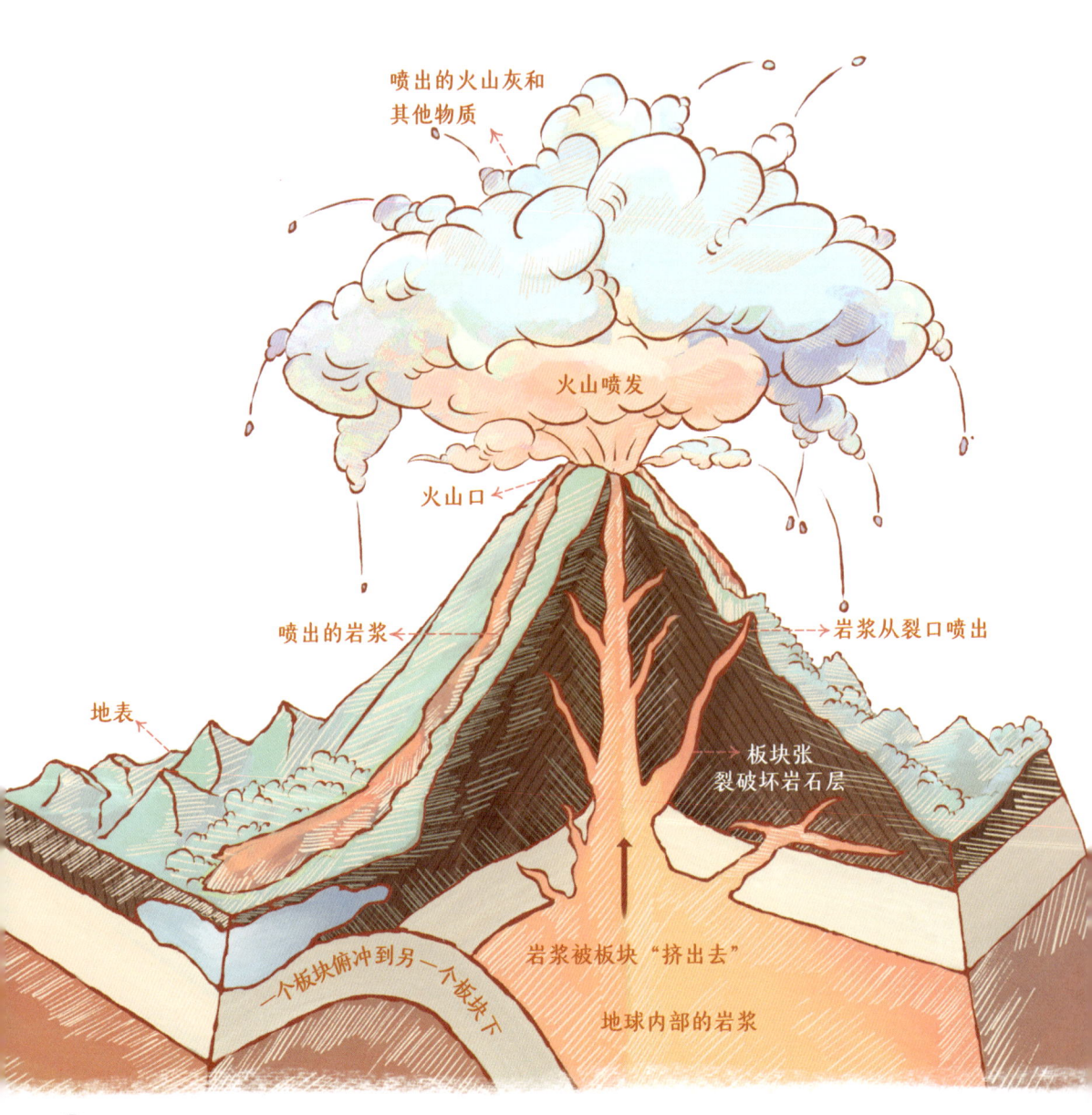

喷出的火山灰和其他物质

火山喷发

火山口

喷出的岩浆

岩浆从裂口喷出

地表

板块张裂破坏岩石层

一个板块俯冲到另一个板块下

岩浆被板块"挤出去"

地球内部的岩浆

板块构造学说是由多位科学家在 1968 年联合提出的，是对大陆漂移学说和海底扩张学说的发展延伸，也是现在最流行的地球构造理论。板块构造学说认为，地球上的陆地和海洋（海底）不是一个整体，而是分割成了许多块，我们称之为"板块"。

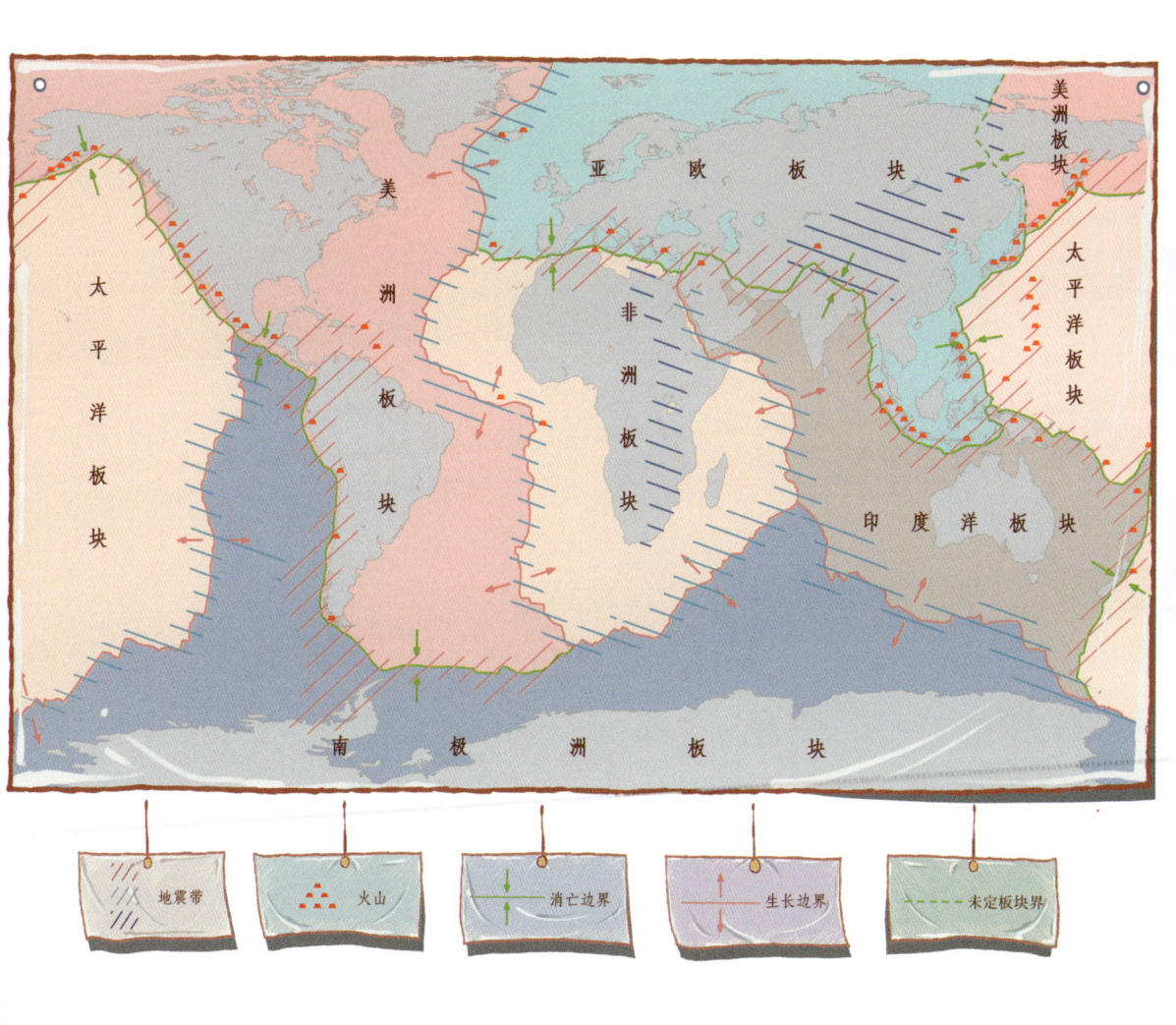

虽然地球上有七大洲和四大洋，但其实只有六个板块，分别是：亚欧板块、非洲板块、美洲板块、太平洋板块、印度洋板块和南极洲板块。这些板块虽然相互独立，但并不是隔开的，它们的交界处往往容易引发剧烈的地质活动，比如地震，这样一来就直接影响了地球上地震和火山的分布。

火箭的前世今生

我们现在经常能从新闻里得知，某个国家向太空发射了卫星、向火星发射了探测器等，但你知道卫星和探测器都是怎么被发射出去的吗？人类对于太空的探索总是少不了"发射"的字眼，这是从地球到太空的必经之路，是摆脱地球重力的必要手段，而实现这一切都要通过一种特殊的交通工具——火箭。

要理解火箭的发射原理并不难，火箭发射是对牛顿第三定律的现实应用。力的作用是相互的，当小明推了小红一把，小红也会同时对小明产生反作用力，火箭正是运用了同样的原理。1882年，俄罗斯科学家齐奥尔科夫斯基首先提出了运用牛顿第三定律来创造一枚火箭。假如在一只充满高压气体的密封桶的一端开一个口，桶内的气体就会在高压作用下喷射出来，当气体喷在地上，地面又会给桶产生方向相反的反作用力，使桶"发射"出去，这就是火箭的雏形。

在前人开拓出的大路上，后人不断地努力，终于研制出了各种各样成熟的现代火箭。一般来说，现代火箭大多由 2~4 级火箭组成。

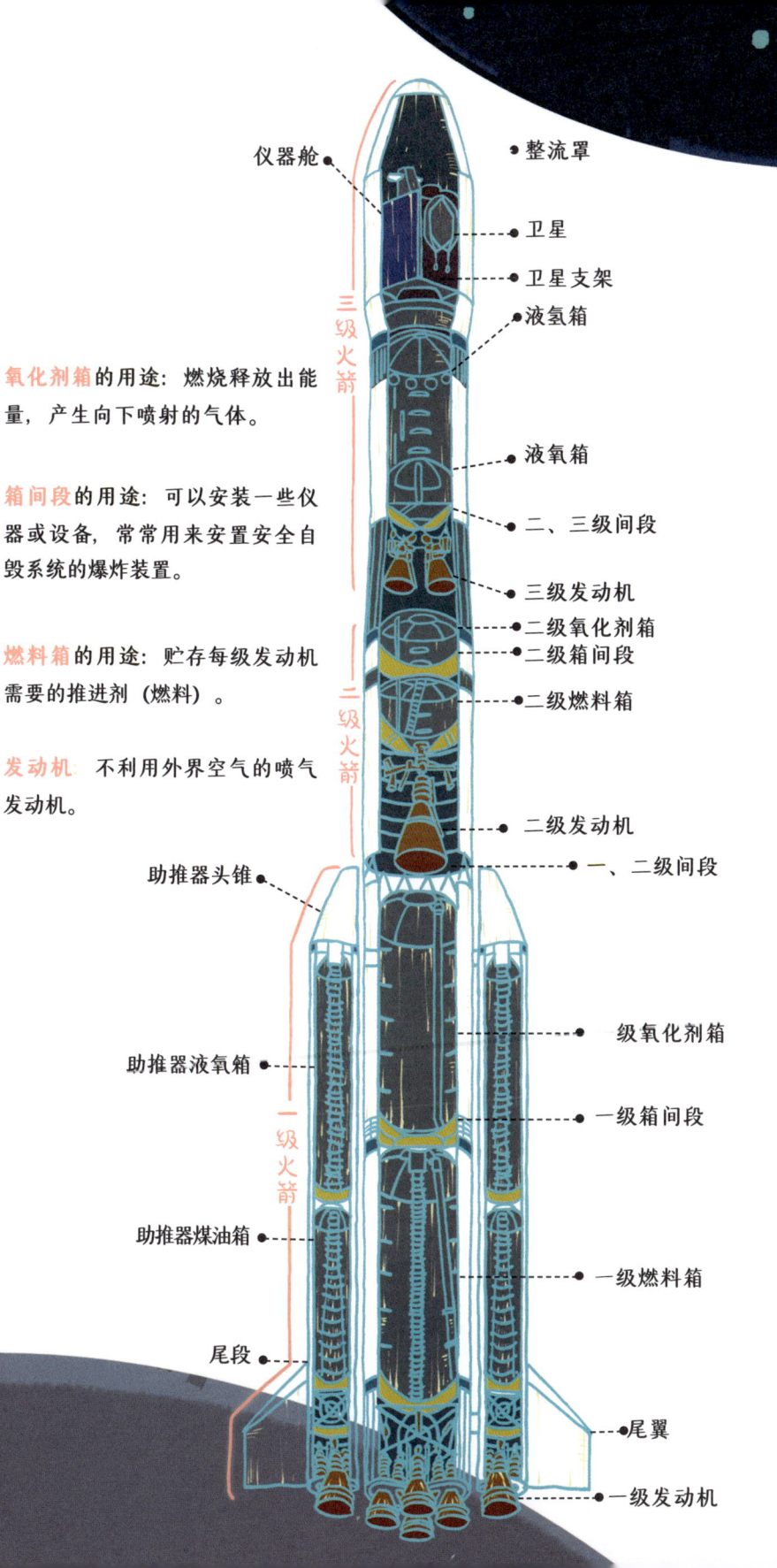

氧化剂箱的用途：燃烧释放出能量，产生向下喷射的气体。

箱间段的用途：可以安装一些仪器或设备，常常用来安置安全自毁系统的爆炸装置。

燃料箱的用途：贮存每级发动机需要的推进剂（燃料）。

发动机 不利用外界空气的喷气发动机。

- 仪器舱
- 整流罩
- 卫星
- 卫星支架
- 液氢箱
- 液氧箱
- 二、三级间段
- 三级发动机
- 二级氧化剂箱
- 二级箱间段
- 二级燃料箱
- 二级发动机
- 一、二级间段
- 助推器头锥
- 一级氧化剂箱
- 助推器液氧箱
- 一级箱间段
- 助推器煤油箱
- 一级燃料箱
- 尾段
- 尾翼
- 一级发动机

三级火箭
二级火箭
一级火箭

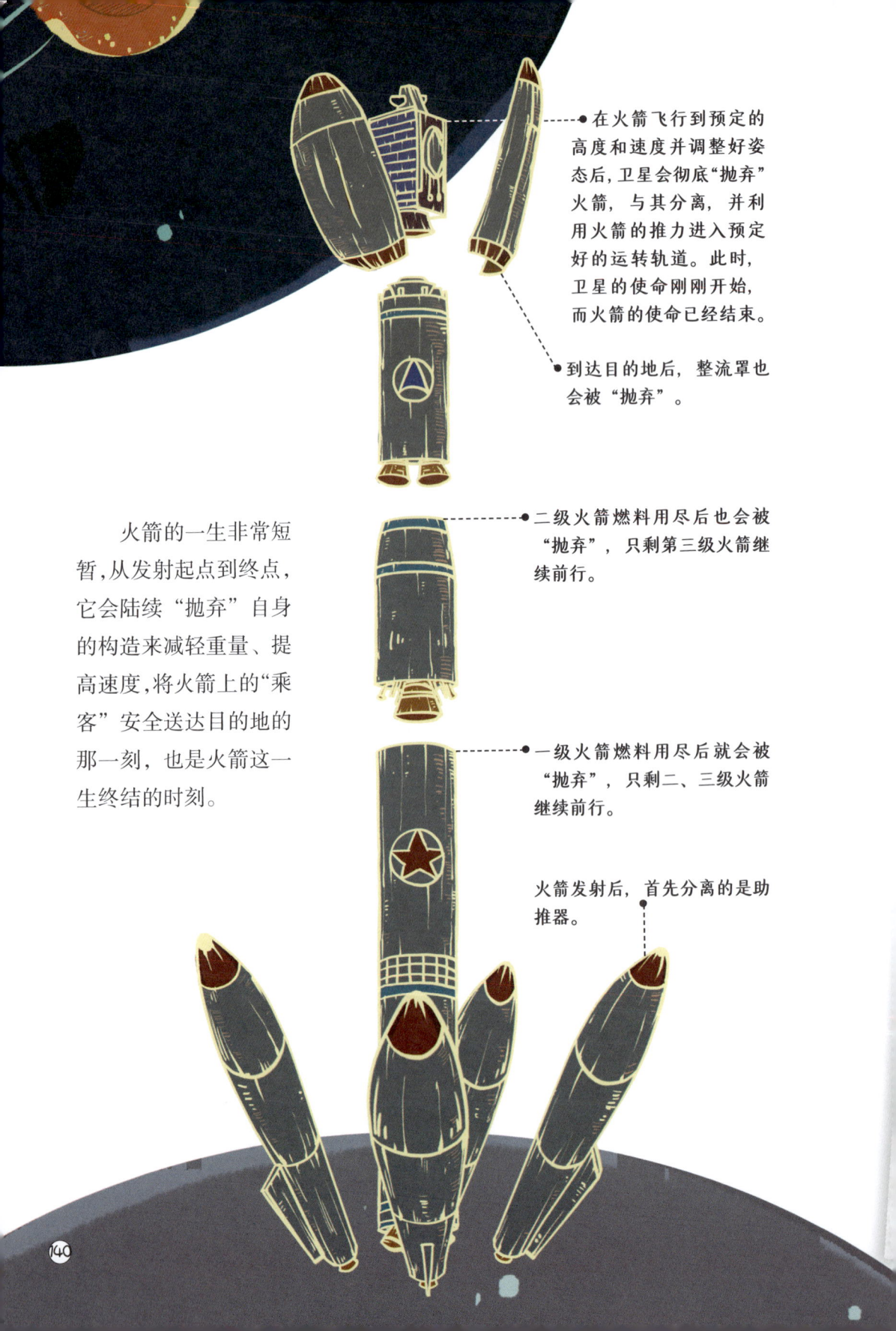

在火箭飞行到预定的高度和速度并调整好姿态后，卫星会彻底"抛弃"火箭，与其分离，并利用火箭的推力进入预定好的运转轨道。此时，卫星的使命刚刚开始，而火箭的使命已经结束。

到达目的地后，整流罩也会被"抛弃"。

二级火箭燃料用尽后也会被"抛弃"，只剩第三级火箭继续前行。

一级火箭燃料用尽后就会被"抛弃"，只剩二、三级火箭继续前行。

火箭发射后，首先分离的是助推器。

火箭的一生非常短暂，从发射起点到终点，它会陆续"抛弃"自身的构造来减轻重量、提高速度，将火箭上的"乘客"安全送达目的地的那一刻，也是火箭这一生终结的时刻。

★ 科学巨人档案 ★

1903年，齐奥尔科夫斯基提出了火箭运动方程式，通过这个方程式可以计算出火箭发动机的喷气速度、火箭的质量等，解决了有关火箭的理论问题。不仅如此，齐奥尔科夫斯基还发展了**多级火箭**的设想。

康斯坦丁·齐奥尔科夫斯基

> 地球是人类的摇篮，但人类不可能永远被束缚在摇篮里。

- **性　　别** 男
- **生 卒 年** 1857—1935年
- **国　　籍** 苏联
- **主要成就** 宇宙航行之父

康斯坦丁·齐奥尔科夫斯基

1926年，戈达德成功发射了世界上第一枚以液体（汽油等）作为推进剂的液体火箭，尽管这枚火箭只飞到距离地面12.5米的高度，但这也是一次了不起的成功。因此，戈达德被公认为"现代火箭之父"。

罗伯特·哈金斯·戈达德

- **性　　别** 男
- **生 卒 年** 1882—1945年
- **国　　籍** 美国
- **主要成就** 研制成功世界上第一枚液体燃料火箭

罗伯特·哈金斯·戈达德

宇宙之源

我们从进化论得知，生命是从无到有的，我们从陆地漂移学说得知，陆地是一直在移动的，那么就产生了一个疑问，我们的宇宙也是从无到有的吗？我们的宇宙也是一直在移动的吗？要知道，在过去几千年的时间里，人们一直相信宇宙和物质是恒定不变、无始无终的，就连伟大的爱因斯坦也受到这种思想的影响，一度认为宇宙是静态的。但眼睛不会说谎，人们观察到了宇宙在移动！

- 在不到1秒钟的时间里，宇宙迅速膨胀，宇宙中的温度也随之降低，夸克逐渐凝聚成了质子和中子。

- 138亿年前，密度无限大、体积无限小、温度无限高的奇点发生了爆炸，宇宙的一切便开始了。

- 大爆炸释放出巨大的能量和无数的夸克、电子等粒子，整个宇宙处在极度高温的状态下。

- 在经过3分钟的碰撞和结合之后，大量的质子和中子聚在一起，形成了原子核。这时候宇宙膨胀的速度已经放缓。

30万年后，电子终于加入进来，与原子核一起形成了完整的原子。

宇宙又经过了长达138亿年的演化，才最终演变成如今的样貌：一个充满星系和星云并持续膨胀的宇宙。

4亿年后，原子互相聚在一起，并且越聚越多，最终形成了原始的恒星和星系。

1929年，美国科学家哈勃通过观测到的宇宙波长变化，确认宇宙遥远的星系正在远离我们，并且距离我们越远的星系远离我们的速度越快，这就是哈勃定律。

哈勃的研究让科学家意识到宇宙正在膨胀，美国科学家伽莫夫据此提出了"大爆炸"的观点，这就是我们现在家喻户晓的宇宙大爆炸理论。根据大爆炸理论，宇宙起源于一个点，这个点的密度无限大、体积无限小、温度无限高，因此我们称之为奇点。在奇点发生爆炸的那一刻，才有了宇宙、空间和时间。

★ 科学巨人档案 ★

爱德文·鲍威尔·哈勃

爱德文·鲍威尔·哈勃

性　　别 男

生 卒 年 1889—1953年

国　　籍 美国

主要成就 建立哈勃定律

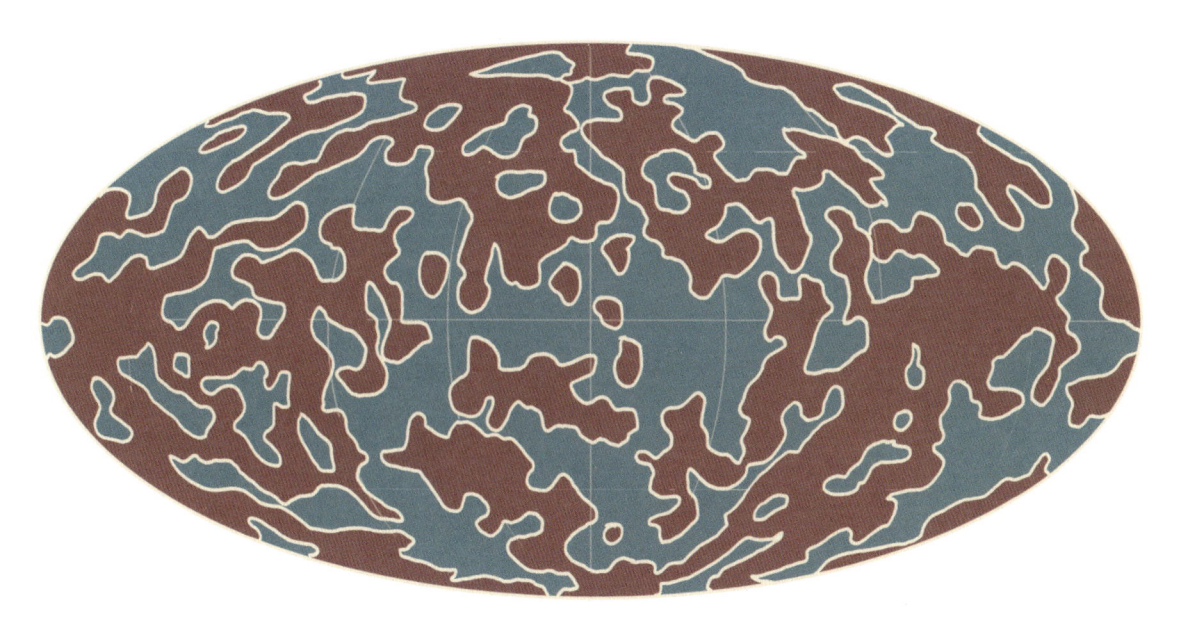

伽莫夫认为，发生大爆炸的时候宇宙的温度是极高的，之后慢慢降温，而我们的宇宙如今依旧残余着早期高温宇宙的辐射，这种辐射叫作宇宙微波背景辐射。1964年，美国科学家彭齐亚斯和威尔逊果真接收到了这种辐射，证实了宇宙大爆炸理论。

乔治·伽莫夫

乔治·伽莫夫

性　　别 男

生 卒 年 1904—1968年

国　　籍 美国

主要成就 提出"宇宙大爆炸"理论

未来的世界

> 科技从诞生一路发展到现在，为我们的生活提供了各种各样的便利，更重要的是，科技完全颠覆了我们的生活！哥伦布不会相信人类能登上月球，诺贝尔也无法想象原子的威力远高于炸药。到了近代，科技的发展速度越来越快，并且朝着更快的趋势大步向前。试想一下，如果科技持续勇往直前，未来会走向何方？

生活在当下，几乎人人都听说过"大数据"这个词，但这个词到底是什么意思呢？直白点说，大数据就是巨大的、海量的数据。当你在使用网络的时候，你用键盘敲打的每一个字、你转发的每一条消息及图片、你购买的每一件商品等，都可能成为大数据的一部分；反过来说，正是因为网络的普及，才使收集海量的数据成为可能，最终形成大数据。

数据虽然有了，但如何有效地利用它也是个难题。想象一下，在茫茫的"数据海洋"中找到有用的那条数据需要多久呢？运气好的话，也许只花上一天就能搞定，运气不好的话，恐怕要花上五年、十年，甚至几十年了。显然，如果我们想要从大数据中快速又准确地抽出自己想要的数据，就需要更加庞大、先进的计算设备，可你没有这些设备怎么办？别急，我还有一种更加"节能"的方法：云计算。

庞大的大数据需要一个储存它的巨大容器，这个容器就是云计算的网络存储功能，而管理这些数据也离不开云计算。大数据和云计算就像是一枚硬币的正反面，是互相依靠的，也是相辅相成的，未来会更好地服务人类。举个简单的例子，电商平台可以从你的购物记录中发现你的喜好，这就是大数据的一部分，之后你会发现，电商平台给你推荐的商品都是你所喜欢的，这就是通过云计算之后呈现在你面前的结果，也就是说，大数据和云计算有助于商家更有针对性地投放广告。当然，这只是云计算的一个简单用途。如果说精准投放广告是云计算的简单用途，那么，云计算的复杂用途就是物联网。

物联网可以看作互联网的延伸，互联网是人与人的互联，物联网是物与物、物与人、人与物的互联。互联网让我们能够通过网络与远方的朋友保持联系，但无法使我们了解手边的饮料，而物联网可以解决这个问题。可以说，物联网解决的就是各种物品的信息化管理和控制的问题。

在认识物联网之前，先来听一段小故事。早在1991年，剑桥大学特洛伊计算机实验室的科学家们为了免去无用的上下楼，并且能及时喝到楼下刚煮好的咖啡，而编写了一套监控咖啡是否煮好的程序，这就是物联网的开端。那么物联网的实际应用会怎样呢？当然不是简单的监控咖啡机，而是要遥控咖啡机，这个遥控不仅指可以面对面进行遥控，甚至可以相隔几千米进行遥控。

试想一下，刚下班就遥控家里的咖啡机开始煮咖啡，到家之后正好能喝上一杯刚煮好的热咖啡，是不是很方便呢？在物联网高度发达的未来，我们不仅能够实现异地遥控，还能对自己拥有的物品有清晰的了解，就连一支笔，从原材料、制作、运输到销售的每一个环节都能了解到。如果你对这支笔不满意，物联网会自动帮你上传数据，经过云计算的处理，商家能够及时了解你的喜好，不断地改进商品，甚至是根据你的喜好，为你定制一支笔！

可以说，云计算帮助商家精准投放广告，物联网则反过来帮助消费者得到精准制造的商品。通过不断地广告、购买、反馈、改进，未来的人们将会在大数据、云计算和物联网等的共同作用下，生活得无比便捷、舒适。

未来会进入强人工智能甚至超人工智能时代，人工智能所拥有的超强"智慧"可以为人类提供无穷无尽的便利，甚至治疗癌症。

人工智能

未来势必会得到发展的另一项技术是人工智能。简单来说，人工智能就是人类自己创造出的智能，这种智能尤其体现在自我学习方面。

我们都知道人类是从其他物种一步步演变进化而来的，将来的人工智能也会如此。人工智能会不断地学习并且改进自己，拥有自己的智能思维，就像我们通过不断学习来提升自己一样。

值得警惕的是，人工智能发展到一定程度后，人类将不再是地球上最聪明的物种，所以人工智能对人类有一定的威胁性。如果人工智能可以始终为人类服务，人类将彻底成为地球的主宰者，但如果人工智能只为自身服务，人类的延续就可能受到威胁……

现在出现的人工智能，无论是会讲笑话的小机器人，还是打败围棋冠军的阿尔法围棋（AlphaGo），都还属于弱人工智能，它们能做的事很有限。

附录 科技大事年表

公元前 7 世纪至公元前 6 世纪
早期科学家泰勒斯打开了理性思考的开端，科学由此起源。

公元前 6 世纪
早期数学家毕达哥拉斯提出勾股定理。

公元前 4 世纪
早期科学家亚里士多德在多个领域尝试给出科学解释，建立了亚里士多德宇宙模型。

公元前 3 世纪
早期物理学家阿基米德提出杠杆原理和浮力定律。

904 年
古代中国已将火药用于军事。

1543 年
天文学家哥白尼出版《天体运行论》，阐述"日心说"；解剖学家维萨里出版《人体构造》，展示了人体的内部构造。

1593 年
药物学家李时珍的著作《本草纲目》正式出版。

1609 年
物理学家伽利略利用自制望远镜观测天体，并有诸多发现。

1609 年，1618 年
天文学家开普勒发表开普勒三大定律。

1628 年
生理学家哈维发表《心血运动论》，提出血液循环的概念及方式。

1777 年
化学家拉瓦锡建立氧化学说，正式推翻了燃素说。

1785 年
工程师瓦特改良的蒸汽机得到广泛使用。

1796 年
医学家詹纳第一次给人类注射天花疫苗。

1807 年
工程师富尔顿发明蒸汽轮船。

1814 年
工程师斯蒂芬森发明蒸汽机车。

1869 年
化学家门捷列夫出版《化学原理》，改进元素周期律，发表元素周期表。

1876 年
发明家贝尔发明电话。

1879 年
发明家爱迪生成功研制出电灯。

1885 年
微生物学家巴斯德第一次给人类注射狂犬病疫苗。

1886 年
工程师本茨发明了第一辆三轮汽车。

20 世纪初
多位科学家共同创立量子力学。

1912 年
地理学家魏格纳提出大陆漂移学说。

1915 年
物理学家爱因斯坦提出广义相对论。

1926 年
遗传学家摩尔根创立基因学说，发现基因的连锁与互换定律；火箭专家戈达德发明液体火箭。

1928 年
微生物学家弗莱明发现青霉素。

1968 年
多位科学家联合提出板块构造学说。

1969 年
宇航员阿姆斯特朗踏出人类登上月球的第一步。

1972 年
药学家屠呦呦成功提取青蒿素。

1973 年
杂交水稻专家袁隆平培育出第一个杂交水稻品种；发明家马丁·库帕发明手机。

1974 年
物理学家霍金提出黑洞辐射理论。

公元前 7 世纪 至 2018 年

1405年至1433年
航海家郑和先后七次下西洋，拜访了30多个国家和地区，最远到达东非、红海。

1492年
航海家哥伦布首次到达美洲。

1498年
航海家达·伽马首次通过非洲南端航线到达印度。

1513年
天文学家哥白尼"日心说"形成雏形。

1522年
航海家麦哲伦率领的船队完成人类首次环球航行。

1669年
地质学家斯丹诺提出地层层序律。

1675年
微生物学家列文虎克通过自制显微镜发现微生物。

1677年
微生物学家列文虎克通过自制显微镜发现精子。

1687年
物理学家牛顿提出牛顿运动定律和万有引力定律。

1735年
分类学家林奈发表《自然系统》，采用林奈式分类方法。

1831年
物理学家法拉第提出电磁感应理论。

1838年至1839年
植物学家施莱登和生理学家施旺创立细胞学说。

1859年
生物学家达尔文在《物种起源》中提出进化论。

1865年
遗传学家孟德尔发现两条遗传定律：基因分离定律和基因自由组合定律。

1867年
化学家诺贝尔成功发明现代炸药。

1895年
诺贝尔公布遗嘱，诺贝尔奖诞生。

1898年
居里夫妇发现并命名元素镭。

1900年
孟德尔的遗传学研究被重新发现。

1903年
发明家莱特兄弟发明飞机；火箭专家齐奥尔科夫斯基提出火箭运动方程式。

1905年
物理学家爱因斯坦解释光电效应和光的波粒二象性，提出狭义相对论。

1929年
天文学家哈勃发现宇宙正在远离我们，提出哈勃定律。

1942年
物理学家费米领导小组建立人类第一个可控核反应堆——"芝加哥一号堆"。

1946年
世界上第一台计算机诞生。

1948年
天文学家伽莫夫提出宇宙大爆炸理论。

1961年
宇航员加加林在遨游太空后成功返回地球。

1996年
世界首只克隆羊"多莉"诞生。

2001年
科学家发表人类基因组工作草图。

2004年
人类发现火星南极存在冰冻水。

2018年
人类在月球表面发现水冰存在的确切证据。

版权专有　侵权必究

图书在版编目（CIP）数据

改变世界的超级发明：是什么让人手可摘星 / 米莱童书著绘. -- 北京：北京理工大学出版社, 2025.7.
(启航吧知识号).
ISBN 978-7-5763-5303-7

Ⅰ. N091-49
中国国家版本馆CIP数据核字第2025PS7821号

责任编辑：封雪	文案编辑：封雪
责任校对：周瑞红	责任印制：王美丽

出版发行 / 北京理工大学出版社有限责任公司
社　　址 / 北京市丰台区四合庄路6号
邮　　编 / 100070
电　　话 / (010)82563891（童书售后服务热线）
网　　址 / http://www.bitpress.com.cn

经　　销 / 全国各地新华书店
版 印 次 / 2025年7月第1版第1次印刷
印　　刷 / 雅迪云印（天津）科技有限公司
开　　本 / 710 mm×1000 mm　1/16
印　　张 / 9.5
字　　数 / 200千字
定　　价 / 38.00元

图书出现印装质量问题，请拨打售后服务热线，负责调换